机械零部件测绘

丁红珍　曾宪荣　主　编

吴晖辉　李　恬　参　编

电子工业出版社
Publishing House of Electronics Industry
北京·BEIJING

内 容 简 介

本书是精品在线开放课程"机械零部件测绘"的配套教材，结合教学改革的实践经验编写而成，以满足现代制造业对机械零部件测绘的要求。全书共分为两大部分，第一部分是基础知识，包括装配体的拆装、机械零部件的测量、测量数据的处理、零部件测绘的方法和步骤、常用机件的画法；第二部分共设置了 4 个学习情境，分别是柴油机曲轴连杆机构测绘、轴向柱塞泵的测绘、机用平口虎钳的测绘、一级圆柱齿轮减速器的测绘。

本书采用最新国家标准，以"必需、够用"为原则，深度和广度适中。本书除可作为高职院校机械类和近机类各专业机械零部件测绘的教材外，也可供工程技术人员和自学者参考。

未经许可，不得以任何方式复制或抄袭本书之部分或全部内容。
版权所有，侵权必究。

图书在版编目（CIP）数据

机械零部件测绘 / 丁红珍，曾宪荣主编． —北京：电子工业出版社，2021.10
ISBN 978-7-121-42239-3

Ⅰ．①机⋯ Ⅱ．①丁⋯ ②曾⋯ Ⅲ．①机械元件－测绘 Ⅳ．①TH13

中国版本图书馆 CIP 数据核字（2021）第 209816 号

责任编辑：张　凌　　　　　特约编辑：田学清
印　　刷：三河市鑫金马印装有限公司
装　　订：三河市鑫金马印装有限公司
出版发行：电子工业出版社
　　　　　北京市海淀区万寿路 173 信箱　　　邮编：100036
开　　本：787×1092　　1/16　　印张：11.5　　字数：238.3 千字
版　　次：2021 年 10 月第 1 版
印　　次：2024 年 3 月第 9 次印刷
定　　价：36.00 元

前言

　　机械制图是高职机械类、近机类各专业的技术基础课程，机械零部件测绘是这门课程的重要实践环节。通过零部件测绘实训，可以提高学生综合运用所学课程进行独立绘图的能力，使学生进一步掌握零部件的测绘程序及方法，并学习有关的工艺及设计知识，为以后进行课程设计与毕业设计打好基础，有助于学生对后续课程的学习和理解。

　　本书具有如下特点：

　　（1）根据高职学生的特点和认知规律设计本书的结构、内容和形式。本书以图文并茂的形式介绍了装配体的拆装、机械零部件的测量、测量数据的处理、零部件测绘的方法和步骤、常用机件的画法基础知识及典型零部件的测绘过程。

　　（2）以工作过程为导向，以任务为驱动，将学生置身于工作情境中来完成具体的测绘任务。本书阐述了柴油机曲轴连杆机构、轴向柱塞泵、机用平口虎钳、一级圆柱齿轮减速器4个典型零部件的测绘方法和步骤；并提供了详尽的测绘任务表单，为高职机械类和近机类专业开展实训教学提供了资源。

　　（3）本书理论联系实际，采用典型工程案例，增强学生工程素养，满足职业岗位实际工作的需要。

　　（4）学习情境中的装配体拆装动画以二维码形式呈现，学生扫码即可观看，便于学生进一步理解装配体的结构。

　　（5）本书采用了《技术制图》和《机械制图》等最新国家标准。

　　（6）本书以"必需、够用"为原则，深度和广度适中。

　　为了方便教师教学，本书还配有电子教案，请有需要的教师登录华信教育资源网（www.hxedu.com.cn）免费下载使用。

　　本书由顺德职业技术学院的丁红珍和曾宪荣担任主编，参与编写的还有顺德职业技术学院的吴晖辉和潮州市饶平县技工学校的李恬。

　　由于编者水平有限，书中难免存在疏漏和不足之处，敬请广大读者批评指正。

编　　者

目录

第一篇 基础知识篇

第二篇　学习情境篇

第一篇 基础知识篇

基础知识 1

装配体的拆装

在对机械零部件进行测绘之前,首先要学会对其进行拆卸和装配。通过拆卸和装配,了解被测零部件的工作原理和装配结构特征,为零部件的绘图打下基础,进一步提高绘制和阅读机械图样的能力。

1.1 拆装工具的使用

在机器测绘过程中使用合理的拆装工具和方式,可使拆装过程更高效、省力,同时降低机件受损概率,提高机件使用寿命。下面介绍常用的拆装工具:手钳、扳手、螺丝刀、铜棒、橡胶锤、拉码、台虎钳及其他辅助拆装工具。

1.1.1 手钳

手钳类工具主要有扁嘴钳、尖嘴钳和挡圈钳,如图 1-1～图 1-3 所示。

图 1-1　扁嘴钳　　　　　　　　　　　图 1-2　尖嘴钳

1．扁嘴钳

扁嘴钳可以弯曲金属薄片及金属细丝成为所需的形状。在拆卸过程中，扁嘴钳用以装拔销子、弹簧等小零件，是金属机件装配、电信器材安装及拆卸常用的工具。

2．尖嘴钳

尖嘴钳的用途是在狭小工作空间中夹持小零件、切断或扭曲细金属丝。

3．挡圈钳

挡圈钳也称卡簧钳，用于拆装弹性挡圈等，分孔用和轴用两种。为适应安装在各种位置的挡圈，挡圈钳又分为直嘴式和弯嘴式。图 1-4 所示为减速器上的油标，可用挡圈钳进行拆卸。

图 1-3　挡圈钳

图 1-4　减速器上的油标

1.1.2　扳手

扳手是用来装拆六角形、正方形螺钉及各种螺母的螺纹旋具，扳手常由工具钢、合金钢或锻铁制成。常用扳手有活扳手、开口扳手、梅花扳手、两用扳手和内六角扳手等。活扳手在生产生活中很常见，此外，成批生产和装配流水线常采用风动扳手、电动扳手等。

1．活扳手

活扳手用于紧固或拆卸在可调范围内的六角头及方头螺栓、螺钉和螺母。活扳手如图 1-5 所示。活扳手通用性强，使用广泛，但使用不方便，拆卸与安装效率低，工作时容易松动，不易卡紧，不适合专业生产与安装。

图 1-5　活扳手

2．开口扳手

开口扳手有双头开口扳手和单头开口扳手两类，一端或两端制有固定尺寸的开口。开口扳手可以单件使用，也可以成套配置使用，用于拧紧或松开具有一种或两种规格尺寸的六角头及方头螺栓、螺钉和螺母。使用时不需要调整，拆卸与安装效率高，在专业生产与安装场合应用较普遍。开口扳手如图1-6所示。

常用的开口扳手规格：7、8、10、14、17、19、22、24、27、30、32、36、41、46、55、65，分别对应螺纹规格为M4、M5、M6、M8、M10、M12、M14、M16、M18、M20、M22、M24、M27、M30、M36、M42。

3．梅花扳手

梅花扳手有双头梅花扳手和单头梅花扳手两类，两端具有带六角孔或十二角孔的工作端，有单件的梅花扳手，也有成套配置的梅花扳手，用于拧紧或松开六角头及方头螺栓、螺钉和螺母，特别适用于工作空间狭窄、位于凹处、不能容纳双头开口扳手的工作场合。梅花扳手如图 1-7 所示。梅花扳手在使用时因开口宽度为固定值不需要调整，因此与活扳手相比，其工作效率较高。

图 1-6　开口扳手

图 1-7　梅花扳手

4．两用扳手

两用扳手一端与单头开口扳手相同，另一端与梅花扳手相同，两端适用于相同规格的螺栓或螺母。两用扳手如图1-8所示。

5．内六角扳手

内六角扳手是专门用来紧固或拆卸标准内六角螺栓的工具。内六角扳手如图1-9所示。内六角扳手规格用内六角螺栓头部的六角对边距离来表示，有米制和英制两种。

图 1-8　两用扳手

图 1-9　内六角扳手

6．各种扳手的使用技巧

使用扳手拧紧螺母或螺栓时，应选用合适的扳手，拧小螺栓（螺母）切勿用大扳手，以免滑牙损坏螺纹或扭断螺栓。此外，应优先选用开口扳手或梅花扳手，这类扳手的长度是根据其对应的螺栓所需的拧紧力矩而设计的，长度比较合适。操作时一般不允许用管子加长扳手来拧紧螺栓，但 5 号以上的内六角扳手允许使用长度合适的管子来加长扳手。拧紧时应注意扳手脱出，以防手或头等身体部位碰到设备或模具而造成人身伤害。

1.1.3　螺丝刀

螺丝刀用于拆装头部开槽的螺钉，根据规格标准，顺时针方向旋转为嵌紧，逆时针方向旋转则为松出。常用螺丝刀有一字槽螺丝刀、十字槽螺丝刀和多用螺丝刀。

1．一字槽螺丝刀

一字槽螺丝刀（见图 1-10）用于紧固或拆卸各种标准的一字槽螺钉。按旋杆与旋柄装配方式的不同，分为普通式和穿心式两种。一字槽螺丝刀常见类型有木柄螺丝刀、木柄穿心螺丝刀、塑料柄螺丝刀、方形旋杆螺丝刀等。穿心式螺丝刀能承受较大的扭矩，并可在尾部用锤子敲击，方形旋杆螺丝刀能用相应扳手夹住旋杆扳动，以增大力矩。

2．十字槽螺丝刀

十字槽螺丝刀用于紧固或拆卸各种标准的十字槽螺钉。十字槽螺丝刀如图 1-11 所示。其形式、规格和使用方法与一字槽螺丝刀相似。

3．多用螺丝刀

多用螺丝刀用于紧固或拆卸头部带有一字形或十字形沟槽的螺钉等，并兼作测电笔使用。多用螺丝刀如图 1-12 所示。多用螺丝刀使用在电动、风动工具上，可大幅度提高生产率。

图 1-10　一字槽螺丝刀

图 1-11　十字槽螺丝刀

4. 螺丝刀的使用技巧

使用螺丝刀要适当，十字形沟槽的螺钉尽量不用一字槽螺丝刀，否则容易拧不紧，甚至会损坏螺钉槽。一字形沟槽的螺钉要用刀口宽度略小于槽长的一字槽螺丝刀。若刀口宽度太小，不仅拧不紧螺钉，而且易损坏螺钉槽。当受力较大或螺钉生锈难以拆卸时，可选用方形旋杆螺丝刀，以便能用活扳手夹住旋杆扳动，增大力矩。

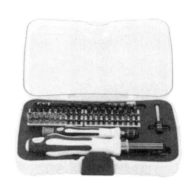

图 1-12　多用螺丝刀

1.1.4　铜棒

铜棒是装配与拆卸机械时必不可少的工具。铜棒如图 1-13 所示。在装配和修理过程中，禁止使用铁锤敲打机械零部件，而应使用铜棒敲击，其目的就是防止机械零部件被敲击变形。铜棒材料一般为纯铜，规格通常为直径 × 长度，有 20mm × 200mm、30mm × 220mm、40mm × 250mm 等几种规格。铜棒敲击零部件时不允许直接敲击零部件表面，不得用力太大。使用时一般和锤子共用，一手握住铜棒，将其一端置于零部件表面，一手用锤子锤击铜棒另一端。注意不可用铜棒代替锤子或当撬棍使用。

拆卸图 1-14 所示减速器上的定位销时，可以用铜棒由下往上轻轻敲击。

图 1-13　铜棒

由下往上轻轻敲击

图 1-14　减速器上的定位销

1.1.5　橡胶锤

橡胶锤的锤头是橡胶材质且有弹性。橡胶锤如图 1-15 所示。橡胶锤具有弹性，击打后对被锤物品的损伤较小，不会破坏油漆层，适合于虚敲作业，也适合在拉伸时，对钢板应力部位进行弹性敲击以消除应力。

图 1-15　橡胶锤

橡胶锤的使用技巧：主要靠拇指和食指握锤子，其余各指仅在锤击时才握紧，柄尾只能伸出 15～30mm。

1.1.6　拉码

拉码又叫拉拔器，是机械维修和拆卸中经常使用的工具，可分为两爪拉码和三爪拉码两类。两爪拉码和三爪拉码分别如图 1-16 和图 1-17 所示。两爪拉码主要用来拆卸轴上的轴承、轮盘等，也可用来拆卸非圆形零部件。三爪拉码主要用于轴系零部件的拆卸，如轮、盘、轴承等。

图 1-16　两爪拉码

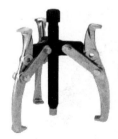

图 1-17　三爪拉码

拉码主要由旋柄、螺杆和拉爪构成；主要尺寸为拉爪长度、拉爪间距、螺杆长度，以适应不同直径及不同轴向安装深度的轴承。使用时，将螺杆顶尖定位于轴端顶尖孔，调整拉爪位置，使拉爪挂钩于轴承内圈，旋转旋柄使拉爪带动轴承沿轴向向外移动拆除。三爪拉码的使用方法如图 1-18 所示。

图 1-18　三爪拉码的使用方法

1.1.7　台虎钳

1. 台虎钳及其结构

台虎钳，又称虎钳，是用来夹持工件的通用夹具。台虎钳及其结构如图 1-19 所示。其装置在工作台上，用以夹稳加工工件，为钳工车间必备工具。转盘式的钳体可旋转，可将工件旋转到合适的工作位置。

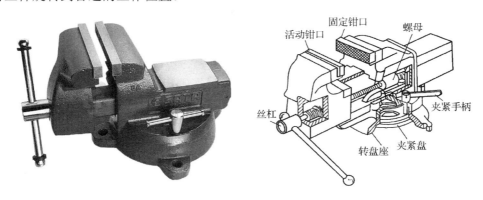

图 1-19　台虎钳及其结构

台虎钳由钳体、转盘座、螺母、丝杠、活动钳口、固定钳口等组成。活动钳口通过导轨与固定钳口的导轨做滑动配合。丝杠装在活动钳口上，可以旋转，但不能轴向移动，并与安装在固定钳口内的丝杠螺母配合。摇动手柄使丝杠旋转，就可以带动活动钳口相对于固定钳口做轴向移动，起夹紧或放松的作用。弹簧借助挡圈和开口销固定在丝杠上，其作用是，当放松丝杠时，使活动钳口及时退出。在固定钳口和活动钳口上，各装有钢制钳口，并用螺钉固定。钳口的工作面上制有交叉的网纹，使工件夹紧后不易产生滑动。钳口经过热处理淬硬，具有较好的耐磨性。固定钳口装在转盘座上，并能绕转盘座轴心线转动，当转到要求的方向时，扳动夹紧手柄使夹紧螺钉旋紧，便可在夹紧盘的作用下把固定钳口固紧。

台虎钳的规格用钳口的宽度表示，有 100mm、125mm、150mm 等。

2. 台虎钳的使用方法

台虎钳在钳台上安装时，必须使固定钳口的工作面处于钳台边缘，以保证夹持长条形工件时，工件的下端不受钳台边缘的阻碍。转盘座的中间孔应该朝里，这样可以使钳工桌更易受力，不至于被压坏。在钳工桌上装好台虎钳后，操作者工作时应调整合适的高度，一般多以钳口高度恰好与肘齐平为宜，即肘放在台虎钳最高点半握拳，拳刚好抵下颚，钳工桌的长度和宽度则随工作而定。

> **注意事项**
> （1）夹紧工件时要松紧适当，只能用手扳紧手柄，不得借助其他工具加力。
> （2）强力作业时，应尽量使力朝向固定钳口。
> （3）不许在活动钳口和光滑平面上敲击作业。
> （4）应经常清洗、润滑丝杠、螺母等活动表面，以防生锈。

1.1.8 其他辅助拆装工具

除了上面介绍的常用拆装工具，有时还需要用到一些辅助的拆装工具，例如，在拆卸轴承时一般常用三爪拉码进行拆卸，但可能会遇到一些轴承和齿轮之间间隙较小的情况（见图 1-20），使用拉码无法进行拆卸，这时可以使用拆装架和半月板进行拆卸，具体拆卸方法参照图 1-21。

间隙较小，无法使用拉码

图 1-20　轴承与齿轮之间间隙较小

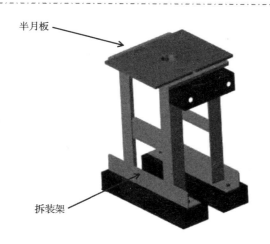

半月板

拆装架

图 1-21　其他辅助拆装工具

1.2　拆装工艺

1.2.1　拆装工艺的一般原则

零部件的拆装是一项技巧性强、要求较高的工作；在拆装的过程中要遵守一定的原则和方法，这样可以使拆装过程更加高效。不能在拆装过程中随便使用手锤、凿子、焊枪等工具乱敲、焊、割螺栓/螺母；也不能将零部件乱扔、乱放，以免造成一些零部件不必要的损伤和浪费。

拆装过程中的一般原则如下。

1．后装先拆，先装后拆原则

拆卸前应熟悉被拆零部件的构造和工作原理，遵循先上后下、先外后内的原则，即按装配的逆过程进行拆卸：先拆卸最后装配的部分，后拆卸最先装配的部分。切不可一开始就把机器或零部件全部拆开。对不熟悉的机器或零部件，拆卸前应仔细观察分析它的内部结构特点，力求看懂记牢，或拍照。

2．恢复原样原则

被拆零部件要求在拆卸后能够恢复到拆卸前的状态，不仅要保证原来的完整性、密封性和准确度，还要保证在使用性能上与原来相同。

3．不拆卸原则

一是在满足测绘需要的前提下，能不拆就不拆；二是对于拆卸后不易装配或不易调整复位的零部件尽量不拆，如减速器透盖中的密封圈、过盈配合的部分、配合精度要求较高的部分、重新装配困难的部分或可能损坏原有精度的部分等。

4．合理使用拆卸工具原则

正确地使用拆卸工具是保证拆卸质量的重要手段之一。拆卸时选用的工具要与被拆卸的零部件相适应，例如，拆卸螺母、螺栓，应根据其六角尺寸选取合适的固定式扳手或套筒扳手，尽可能不用活动扳手。不得使用不合适的工具勉强凑合、乱敲乱打；也不能用量具、扳手等代替锤子使用，以免将工具损坏。对于过盈配合的零部件，如衬套、齿轮、带轮和轴承等，应尽可能使用专用拉器或压力机；如果没有专用工具，也可用尺寸合适的铣头或铜棒，用手锤敲击，但不能用手锤直接敲打零部件的工作面。

5．零部件分类存放原则

同一整体或组合件的零部件拆开后尽量放在一起。对于精度不同、清洗方法不同的零部件应分类存放（如钢铁件、铝质件、橡胶件、皮质件）。

1.2.2　机械拆卸的一般方法和步骤

1．观察并了解拆卸对象

在拆卸之前，首先需要对实物进行观察，参阅说明书和其他有关技术资料，或参考同产品的图样，并向有关人员了解使用情况和存在的问题，以便对机器或零部件的用途、工作原理、功能结构特点、装配关系等进行深入的了解。

2．拆卸的准备工作

（1）编制拆卸计划，如拆卸顺序、拆卸方法、注意事项等。拟定拆卸前和拆卸中要记录和测量的原始数据表格，以避免机器或零部件分解后无法复原。

（2）选择合适的拆卸用品和工具，如扳手、螺钉旋具、锤子、铜棒、轴承拆卸器、测量用的钢直尺、内卡钳和外卡钳、游标卡尺、百分表及表架、塞尺等；以及其他用品，如铅丝、标签、绘图用品及有关手册。

3．拆卸零部件

（1）拆卸前须测量并记录一些项目，如某些零部件的安装位置（有时用画线表示）、相对位置及运动件极限位置，装配间隙、运动间隙和窜动量，可调零部件的实际调节位置，密封及漆封情况，齿轮啮合情况及齿轮侧隙等。测量并记录的结果将作为测绘中校核图样的参考，以便再装配时保持原来的装配要求。

（2）拆卸时应根据零部件的连接方式和尺寸，选用合适的拆卸工具和设备，忌乱敲乱打和划伤零部件。一般先附件后主机，先外部后内部，由上至下；先拆出部件，再拆出组件、零件。并考虑再装配时保证原机的完整性、准确性和密封性，对过盈配合或配合精度高的零部件，以及一些经过调整且拆开后不易调整复位的零部件，如滚珠丝杆组件，应尽量不拆或少拆，以免降低精度或损坏零部件。

（3）拆卸后要对拆下的零部件进行清洗、编号，贴标签，并分类放置和妥善保管，以避免零部件的混乱、损坏、变形、生锈或丢失，使零部件再装配时仍能保证机器或零部件的性能要求。

（4）在拆卸零部件的过程中，应注意分析机器或零部件的传动方案、整体结构、功能要求、加工与装配工艺要求及润滑与密封要求等；分析各零部件的功用、结构特点、定位方式，以及零部件间的装配关系、配合性质等；并测量各零部件的结构尺寸和各零部件之间的相对位置尺寸。

1.3　常用零部件的拆卸方法

1.3.1　轴承的拆卸

轴承是一种十分常见的机械零部件，轴承通常是和轴配合的，根据配合程度的不同，所采用的拆卸方法也不同。轴承常用的拆卸方法有敲击法、拉出法、推压法、热拆法。

1. 敲击法

敲击力一般加在轴承内圈，敲击力不应加在轴承的滚动体和保持架上。此法简单易行，但易损伤轴承。当轴承位于轴的末端时，用小于轴承内径的铜棒或其他软金属材料抵住轴端，轴承下部加垫块，用手锤轻轻敲击，即可拆下。应用此法应注意：垫块放置要适当，着力点应正确。敲击法如图 1-22 所示。

2. 拉出法

拉出法须采用专门拉具，如三爪拉码，拆卸时，只要旋转手柄，即可将轴承从轴上拉出。拉出法如图 1-23 所示。

图 1-22　敲击法　　　　　　　　　　　　　　图 1-23　拉出法

> **注意事项**
>
> （1）应将拉码的拉爪钩住轴承的内圈，而不应钩在外圈上，以免轴承松动过度或损坏。
>
> （2）使用拉码时，要使螺杆对准轴的中心孔，不得歪斜。
>
> （3）注意拉码与轴承的受力情况，不能将拉码和轴承损坏。
>
> （4）注意防止拉爪滑脱。

3．推压法

用压力机推压轴承，该方法平稳可靠，不损伤机器和轴承。压力机推压方式有手动推压、机械式推压或液压式推压。

> **注意事项**
>
> 压力机着力点应在轴中心上，不得压偏。

4．热拆法

热拆法用于拆卸紧配合的轴承。先将加热至 100℃左右的机油用油壶浇注在待拆卸的轴承上，待轴承圈受热膨胀后，即可用拉具将轴承拉出。

> **注意事项**
>
> 首先，应将拉具安装在待拆卸的轴承上并施加一定拉力。
>
> 加热前，要用石棉绳或薄铁板将轴包扎好，防止轴受热胀大，否则将很难拆卸，从轴承箱壳孔内拆卸轴承时，只能加热轴承箱壳孔，不能加热轴承。

浇油时，要将油均匀地浇在轴承套圈或滚动体上，并在其下方置一油盆，收集流下的热油，避免浪费和烫伤；操作者应戴石棉手套，防止烫伤。

1.3.2　齿轮的拆卸

齿轮也是一种常见的零部件，一般使用拆装架和半月板配合对其进行拆卸，这种方法称为敲击法。

采用敲击法时，敲击力一般加在轴端部，敲击力不应加在齿轮两侧和齿面上。此方法简单易行，但易损伤齿轮。当齿轮位于轴的末端时，用小于轴承内径的铜棒或其他软金属材料抵住轴端，齿轮下部加垫块，用手锤轻轻敲击，即可拆下。用敲击法拆卸齿轮如图 1-24 所示。应用此法，垫块放置要适当，着力点应正确。

图 1-24　用敲击法拆卸齿轮

1.3.3　键的拆卸

键常用的材料为 45 号钢，键与轴或者其他零部件的配合关系一般为间隙配合和过渡配合。拆卸键时一般可以采用以下方法。

平键、半圆键可以直接用手钳拆卸，或使用锤子或錾子从键的两端或侧面进行敲击，将键拆下。用锤子或錾子拆卸键如图 1-25 所示。

键也可用台虎钳夹住键两侧面进行拆卸。拆卸前应先将键轻轻敲击、震松，并用小型扁铲或螺丝刀从键头端将键起出来，严禁从键的配合侧面击打或起出。用台虎钳拆卸键如图 1-26 所示。

转动轴使键在下方
由上往下撞击

侧向撞击

图 1-25　用锤子或錾子拆卸键

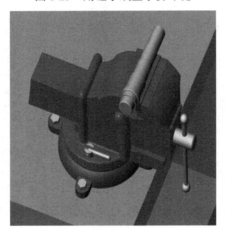

图 1-26　用台虎钳拆卸键

1.3.4　销的拆卸

销也是常用的连接件，种类较多。由于销是安装在销孔内的，所以可以根据销孔的不同来选择拆卸方式。

1．通孔中销的拆卸

如果销安装在通孔中，拆卸时可在机件下面放置带孔的垫铁，或将机件放在 V 形支撑槽或槽铁支撑上面，用钳工锤或者略小于销径的铜棒敲击销的一端（圆锥销为小端），即可将销拆出。

2．内螺纹销的拆卸

内螺纹销是一种在销的一端有内螺纹的销，有圆柱销和圆锥销两种类型。拆卸内螺纹销时，可以使用特制拔销器将销拔出。

3．盲孔中销的拆卸

对于盲孔中无内螺纹的销，可在销的头部钻孔攻出内螺纹，再用拆卸内螺纹销的办法拆卸。

1.3.5　盘盖类零部件的拆卸

盘盖类零部件一般是由键或定位销定位的。如果由销定位，应先拆下定位销，再拆卸连接的螺母或螺钉，如减速器箱盖箱座的拆卸；当盘盖因长期不拆卸而黏连在机体上难以拆除时，可用木锤沿盘盖四周反复敲击，使盘盖与机体分离，然后再进行拆卸。

1.3.6　特殊零部件的拆卸

对某些特殊的、精密的零部件，在拆卸时要小心操作，应先涂渗一些润滑油，等待数分钟，待油充分渗透后再进行拆卸。如仍不易拆卸，应再次涂油，直到能够顺利拆卸为止，切不可急于操作而损伤零部件。过盈配合件也可用该方法拆卸。

基础知识 2

机械零部件的测量

2.1　常用测量工具

测量工具是专门用来测量零部件尺寸、检验零部件形状或安装位置的工具。各种不同的测量工具有不同的适用范围和使用要求。常用的机械零部件测量工具有游标卡尺、万能角度尺、千分尺、钢直尺、卡钳、圆角规、螺纹规等。下面详细介绍这些测量工具的结构特点和使用方法。

2.1.1　游标卡尺

游标卡尺是一种用于测量长度、内外径、深度的量具。游标卡尺如图 2-1 所示。游标卡尺由主尺和附在主尺上能滑动的游标两部分构成。游标卡尺的主尺和游标上有两副活动量爪，分别是内测量爪和外测量爪，内测量爪通常用来测量内径，外测量爪通常用来测量长度和外径。

图 2-1　游标卡尺

除了图 2-1 所示的一般游标卡尺，还有其他类型的游标卡尺，在显示上有带表游标卡尺、电子游标卡尺；在功能上有专用的游标卡尺，如深度游标卡尺、高度游标卡尺、齿厚游标卡尺等。

1．游标卡尺的使用方法

开始测量前，要先检查游标卡尺是否回零：将量爪并拢，查看游标和主尺身的零刻度线是否对齐。如果对齐就可以进行测量；如果没有对齐那么要记取零误差；游标的零刻度线在主尺身零刻度线右侧的叫正零误差，在主尺身零刻度线左侧的叫负零误差。

测量时，右手拿住主尺身，大拇指移动游标，左手拿待测物体，使待测物体位于外测量爪之间，当与量爪紧紧相贴时，即可读数。游标卡尺的使用如图 2-2 所示。

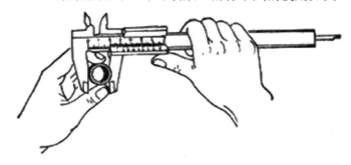

图 2-2　游标卡尺的使用

2．游标卡尺的读数

（1）先读整数——看游标零线的左边，找出主尺上最靠近零线的数值，读出被测尺寸的整数部分。

（2）再读小数——看游标零线的右边，找出游标上与主尺刻度对齐的那一根刻线，读出被测尺寸的小数部分。

（3）得出被测尺寸——把上面两次读数相加，就是卡尺测得的尺寸。

3．游标卡尺的应用

游标卡尺作为一种常用量具，主要用在以下四个方面。

（1）测量工件宽度。

（2）测量工件外径。

（3）测量工件内径。

（4）测量工件深度。

游标卡尺的应用如图 2-3 所示。

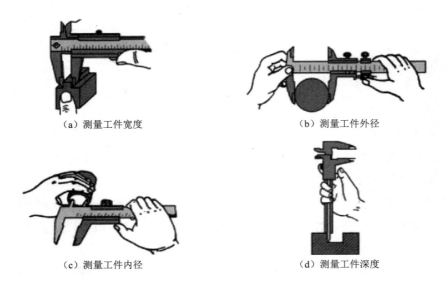

（a）测量工件宽度 （b）测量工件外径

（c）测量工件内径 （d）测量工件深度

图 2-3　游标卡尺的应用

2.1.2　万能角度尺

万能角度尺如图 2-4 所示，又称角度规。它是利用游标读数原理来测量工件内外角的一种角度量具，可测量 0°～320°的角度。

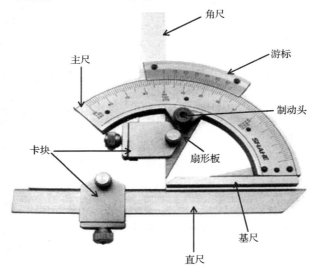

图 2-4　万能角度尺

1．万能角度尺的结构

万能角度尺主要由角尺、主尺、游标、制动头、卡块、直尺、扇形板、基尺构成。万能角度尺的读数机构是根据游标原理制成的。主尺刻线每格为 1°，游标的刻线是取主尺的29°等分为30格,因此游标刻线角格为29°/30,即主尺与游标一格的差值为2′,也就是说万能角度尺读数准确度为2′。除此之外,还有5′和10′两种精度。在万能角度尺上,基尺是固定在尺座上的,角尺是用卡块固定在扇形板上的,直尺是用卡块固定在角尺上的。若把角尺拆下,那么可把直尺固定在扇形板上。角尺和直尺可以移动和拆换,使万能角度尺可以测量0°～320°的任何角度。

2. 万能角度尺使用方法

测量时应先校准零位,万能角度尺的零位是当角尺与直尺均装上,角尺的底边及基尺与直尺无间隙接触,此时主尺与游标的"0"线对准。调整好零位后,通过改变基尺、角尺、直尺的相互位置可测量角度。

测量时,根据工件被测部位的情况,先调整好角尺或直尺的位置,用卡块上的螺钉将其紧固住,再调整基尺测量面与其他有关测量面之间的夹角。这时,要先松开制动头上的螺母,移动主尺做粗调整,然后再转动扇形板背面的微动装置做细调整,直到两个测量面与被测表面紧密贴合为止。最后拧紧制动头上的螺母,把角度尺取下来进行读数。

1)测量0°～50°的角度

角尺和直尺全都装上,产品的被测部位放在基尺和直尺的测量面之间进行测量,如图2-5(a)所示。

2)测量50°～140°的角度

可把角尺卸掉,把直尺装上去,使它与扇形板连在一起。工件的被测部位放在基尺和直尺的测量面之间进行测量。也可以不拆下角尺,只把直尺和卡块卸掉,把角尺拉到下边,直到角尺短边与长边的交线和基尺的尖棱对齐为止。把工件的被测部位放在基尺和角尺短边的测量面之间进行测量,如图2-5(b)所示。

3)测量140°～230°的角度

把直尺和卡块卸掉,只装角尺,但要把角尺推上去,直到角尺短边与长边的交线和基尺的尖棱对齐为止。把工件的被测部位放在基尺和角尺短边的测量面之间进行测量,如图2-5(c)所示。

4)测量230°～320°的角度

把角尺、直尺和卡块全部卸掉,只留下扇形板和主尺(带基尺)。把工件的被测部位放在基尺和扇形板测量面之间进行测量,如图2-5(d)所示。

3. 万能角度尺读数方法

万能角度尺的读数方法和游标卡尺相同,先读出游标零线前的角度,再从游标上读出角度"分"的数值，两者相加就是被测工件的角度数值。

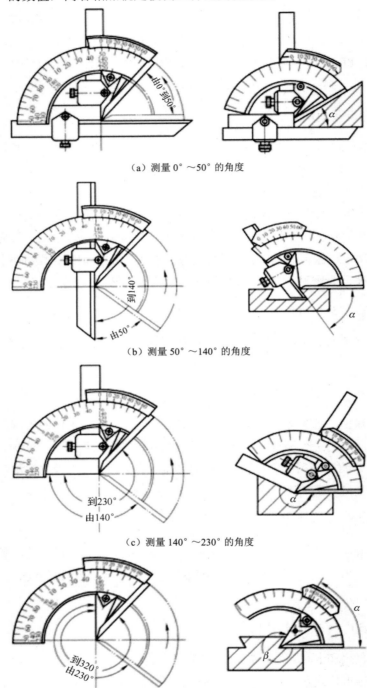

（a）测量 0°～50° 的角度

（b）测量 50°～140° 的角度

（c）测量 140°～230° 的角度

（d）测量 230°～320° 的角度（即 40°～130° 的内角）

图 2-5　万能角度尺的测量范围

2.1.3 千分尺

千分尺又称螺旋测微器、外径千分尺，是利用螺旋运动的原理来进行测量和读数的一种量具，精度可到 0.01mm，主要用来测量精度要求较高的工件。

1. 千分尺的结构

千分尺主要由固定测试面、测杆、锁紧装置、固定套筒、尺架、套筒、基准线、活动套筒（微分筒）、棘轮构成，如图 2-6 所示。

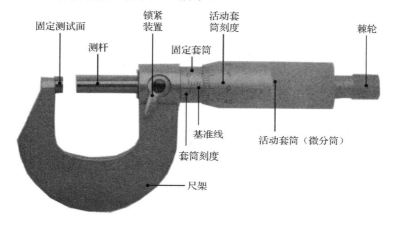

图 2-6 千分尺的结构

2. 千分尺测量方法

（1）将被测面擦拭干净，使用时轻拿轻放。

（2）松开千分尺锁紧装置，校准零位。

（3）测量工件时，首先旋转棘轮使固定测试面与测杆的距离稍大于被测工件尺寸，然后将被测工件放入其中，慢慢旋转棘轮至发出咔咔声。

（4）旋紧锁紧装置（防止移动千分尺时螺杆转动），即可读数。

3. 千分尺的读数

读数时要注意视线与刻度垂直，否则会产生误差。千分尺固定刻度每 1 小格为 1mm，可动刻度每 1 小格为 0.01mm。千分尺的读数如图 2-7 所示。

（1）先读固定刻度。

（2）再读半刻度：若半刻度线已露出，记作 0.5mm；若半刻度线未露出，记作 0.0mm。

（3）接着读可动刻度：读出活动套筒圆周上与固定套筒的水平基准线对齐的刻度线，乘以尺的精度 0.01mm。读数时估读到最小分度的十分之一，即 0.001mm。

（4）最终读数结果为固定刻度 + 半刻度 + 可动刻度。

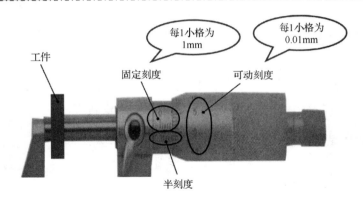

图 2-7 千分尺的读数

2.1.4 钢直尺

钢直尺是用不锈钢薄板制成的一种刻度尺,主要用来测量一般精度的线性尺寸。其规格有 150mm、300mm、500mm 和 1000mm 四种,图 2-8 所示为 150mm 的钢直尺。

图 2-8 150mm 的钢直尺

钢直尺的刻线间距为 1mm,而刻线本身的宽度就有 0.1～0.2mm,故测量读数误差比较大,只能读出毫米数,比 1mm 小的数据只能估读。使用时,将钢直尺有刻度的一边与被测量的线性尺寸平行,0 刻度线对准被测量线性尺寸的起点,线性尺寸的终点所对应的刻度即线性尺寸的读数值。图 2-9 所示的是钢直尺在实际中的部分应用。

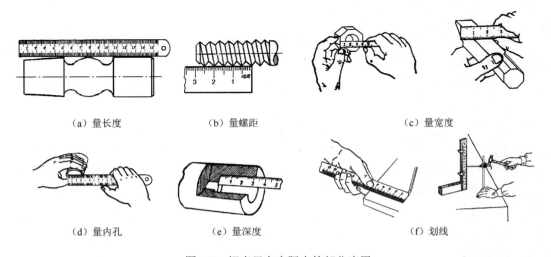

（a）量长度 （b）量螺距 （c）量宽度

（d）量内孔 （e）量深度 （f）划线

图 2-9 钢直尺在实际中的部分应用

2.1.5 卡钳

卡钳包括外卡钳和内卡钳两种，如图 2-10 和图 2-11 所示，是一种测量辅助量具。外卡钳主要用来测量工件的外径和平行面，内卡钳主要用来测量工件的内径和凹槽。卡钳上没有刻度，本身不能直接读出测量结果，必须与钢直尺或其他带有刻度的量具结合使用才能读出尺寸。

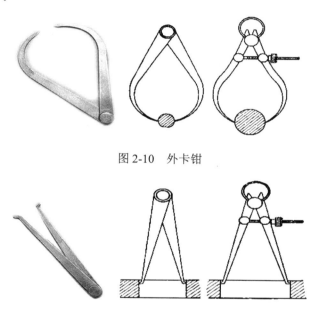

图 2-10　外卡钳

图 2-11　内卡钳

2.1.6 圆角规

圆角规是测量圆角的专用工具。每套圆角规有很多片，一半测量外圆角，一半测量内圆角，每片刻有圆角半径的大小。圆角规如图 2-12 所示。

图 2-12　圆角规

圆角规使用较简单，测量时，先把圆角规打开，里面有很多片，每一片都是一个尺寸。然后选择一片和要测量的圆角卡在一起，如果有缝隙则不是这个数值，需要更换一个卡片，直到找到与被测部分完全吻合的一片，从该片上的数值即可知道被测圆角所对应的半径大小。圆角规的测量如图2-13所示。

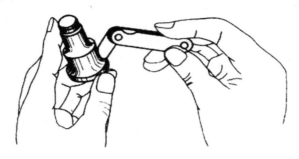

图 2-13　圆角规的测量

2.1.7　螺纹规

螺纹规又称螺纹量规，通常用来检验判定螺纹的尺寸是否正确。根据所检验的内外螺纹，螺纹规分为螺纹环规、螺纹塞规两种，还有一种片状的牙形规。

1. 螺纹环规和螺纹塞规

螺纹环规用于检验工件的外螺纹尺寸，如图2-14（a）所示。螺纹塞规用于检验工件的内螺纹尺寸，每种规格分为通规和止规两种，直径系列为M1～M68。检验时，若通规能与工件螺纹旋合通过，而止规不能通过或部分旋合，则工件合格；反之，则为不合格。

（a）螺纹环规　　　　　　　　　　　　　　（b）螺纹塞规

图 2-14　螺纹规

2. 牙形规

牙形规也叫螺距规，如图2-15所示。螺纹塞规及环规一般在制造时使用，便于控制质量，牙形规一般在测绘中使用。

图 2-15　牙形规

　　一组牙形规包括的螺距有 0.5/0.6/0.7/0.75/0.8/0.9/1.0/1.25/1.5/1.75/2。用牙形规测量时，应将牙形规沿着通过工件轴线的平面方向嵌入牙槽中，如完全吻合，说明被测螺距是正确的，由牙形规上的数字就可确认未知螺纹的螺距。

3．维护与保养

　　（1）螺纹规使用完毕后，应及时清理干净测量部位的附着物，将其存放在规定的量具盒内。

　　（2）生产现场在用量具应摆放在工艺定置位置，轻拿轻放，以防止磕碰而损坏测量表面。

　　（3）严禁将量具作为切削工具强制旋入螺纹，避免造成早期磨损。

　　（4）严禁非计量工作人员随意调整可调节螺纹环规，要确保量具的准确性。

　　（5）长时间不用，应放入盒子妥善保管。

2.1.8　常用测量辅助工具

　　在零部件测绘工作中常用的测量辅助工具有平板、方箱、V 形铁、弯板等，如图 2-16 所示。

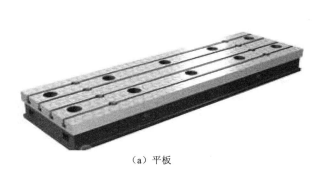

（a）平板　　　　　　　　　　　　　　　　　（b）方箱

图 2-16　常用测量辅助工具

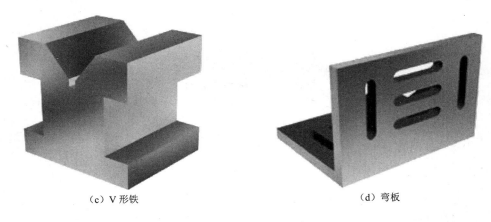

（c）V 形铁 　　　　　　　　　　　　　　　（d）弯板

图 2-16　常用测量辅助工具（续）

1．平板

平板在测量时作为工作台使用，通常在其工作面上安放量具、零部件及其他辅助工具。一些较大规格的平板安装在专用的支架上，统称为平台。

平板的精度等级有 000、00、0、1、2、3 六个等级。平板按其制造材料可分为铸铁平板和花岗岩平板两大类。

2．方箱

方箱是具有六个工作面的空腔正方体，用铸铁或钢材制成。其中一个工作面上有槽，以供放置圆柱形工件。

3．V 形铁

V 形铁根据用途分为划线用 V 形铁、带夹紧两面 V 形铁和带夹紧四面 V 形铁，主要用来测量同轴度误差和装夹零部件。

4．弯板

弯板分为铸铁弯板、直角弯板、T 形槽弯板、普通弯板、拼接弯板、直角靠铁、直角靠板、直角尺弯板、检验弯板。常用的是铸铁弯板、直角弯板、检验弯板。

弯板主要用于零部件的检测和机械加工中的装夹，以及辅助测量。弯板常用于检验工件的 90°角，维修设备时检验零部件相关表面的相互垂直度，还常用于钳工划线。弯板也常用于检验、安装，以及机床机械的垂直面检查，并能在铸铁平板上检查工件的垂直度，适用于高精度机械和仪器检验及机床之间垂直度的检查。

2.2　零部件尺寸的测量方法

在测绘图上，必须完整地记录尺寸、所用材料、加工面的粗糙度、精度及其他必要的信息。在零部件测绘时，不同的零部件对尺寸精度、表面粗糙度等的要求不一样，测量时选择合适的测量方法和测量工具，可以使测量更有效率，测量结果更加准确。

1. 测量直线尺寸

一般精度要求的直线尺寸可直接用钢直尺测量，并直接在钢直尺的刻度上读出所测尺寸。钢直尺测量直线尺寸如图 2-17（a）所示。对于精度要求较高的直线尺寸可选择游标卡尺或千分尺进行测量。游标卡尺测量直线尺寸如图 2-17（b）所示。

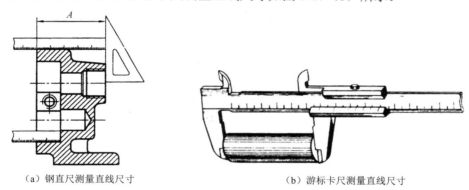

（a）钢直尺测量直线尺寸　　　　　　　　　　（b）游标卡尺测量直线尺寸

图 2-17　直线尺寸的测量

2. 测量直径尺寸

直径尺寸可用游标卡尺进行测量，如图 2-18（a）所示。当受位置限制，游标卡尺不能使用时，采用内、外卡钳辅助测量，间接得到测量尺寸，如图 2-18（b）所示。而精密零部件的直径尺寸则须用千分尺来测量，如图 2-18（c）所示。

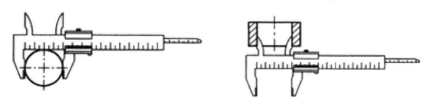

（a）游标卡尺测量直径尺寸

图 2-18　直径尺寸的测量

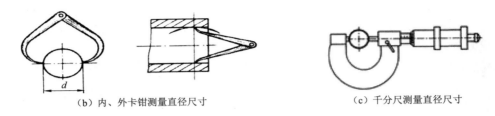

（b）内、外卡钳测量直径尺寸　　　　　　　　　　（c）千分尺测量直径尺寸

图 2-18　直径尺寸的测量（续）

3．测量壁厚

壁厚可用钢直尺直接测量，或用内、外卡钳和钢直尺结合进行测量。壁厚的测量如图 2-19 所示。

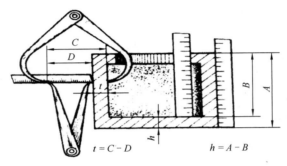

图 2-19　壁厚的测量

4．测量孔间距

孔间距可用钢直尺、卡钳或游标卡尺进行测量。孔间距的测量如图 2-20 所示。

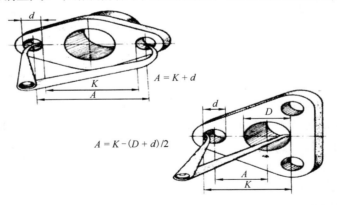

图 2-20　孔间距的测量

5．测量中心高

中心高可用钢直尺和卡钳（或游标卡尺）等测出相关数据，然后用几何运算方式求出。中心高的测量如图 2-21 所示。

6．测量角度

角度一般用万能角度尺进行测量。角度的测量如图 2-22 所示。

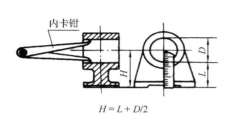

$H = L + D/2$

图 2-21 中心高的测量

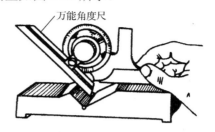

图 2-22 角度的测量

7．测量螺距

螺纹的螺距可用螺纹规或钢直尺进行测量。螺距的测量如图 2-23 所示。

8．测量齿轮模数

对于标准齿轮，偶数齿可先用游标卡尺直接测得齿顶圆直径 d_a，奇数齿可间接测出齿顶圆直径 $d_a = 2K + d$。齿轮模数的测量如图 2-24 所示。最后计算得到模数 $m = d_a/(z + 2)$，然后取标准值。

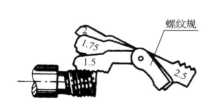

图 2-23 螺距的测量

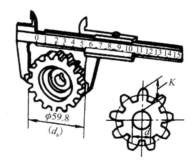

图 2-24 齿轮模数的测量

9．测量曲线与曲面

精确度要求不高的曲面曲线可用如下方法进行测量。

（1）拓印法：用纸在零部件表面进行拓印，得到平面曲线，然后判断该曲线的圆弧连接情况，测量其半径。拓印法如图 2-25（a）所示。

（2）铅丝法：用软铅丝密合回转面轮廓线得到平面曲线，然后判断圆弧的连接情况，利用中垂线法求得各段圆弧的圆心，再测量其半径。铅丝法如图 2-25（b）所示。

（3）坐标法：用钢直尺和三角板定出曲面上各点的坐标，画出曲线，求出曲率半径。坐标法如图 2-25（c）所示。

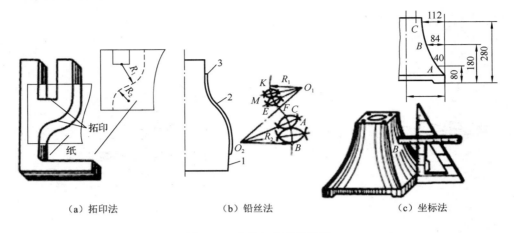

（a）拓印法　　　　　　（b）铅丝法　　　　　　（c）坐标法

图 2-25　曲线与曲面的测量

 ## 2.3　零部件测量的新手段

1.　三坐标测量仪

三坐标测量仪又称为三坐标测量机，具有可向三个方向移动的探测器，可在三个相互垂直的导轨上移动的探测器以接触或非接触等方式传递信号，三个轴的位移测量系统（如光栅尺）经数据处理器或计算机等可计算出工件的各点坐标及进行各项功能测量。三坐标测量仪的测量功能包括尺寸精度、定位精度、几何精度及轮廓精度等。三坐标测量仪如图 2-26 所示。

图 2-26　三坐标测量仪

三坐标测量仪在三个相互垂直的方向上有导向机构、测长元件、数显装置等，测头可以手动或机动方式轻松地移动到被测点上。三坐标测量仪在沿 X、Y、Z 三个轴的方向上装有光栅尺和读数头，当测头接触工件并发出采点信号时，由控制系统去采集当前机床三轴坐标相对于机床原点的坐标值，再由计算机系统对数据进行处理，由读数设备和数显装置把被测点的坐标值显示出来。

三坐标测量仪被广泛应用于汽车、电子、五金、塑胶、模具等行业，可以对工件的尺寸、形状尺寸公差和几何公差进行精密检测，从而完成零部件检测、外形测量、过程控制等任务，如测量高精度的几何零部件和曲面、测量复杂形状的机械零部件、检测自由曲面等。

2．表面粗糙度仪

表面粗糙度仪又叫粗糙度仪、表面光洁度仪、粗糙度测量仪、粗糙度计等，如图 2-27 所示。它具有测量精度高、测量范围宽、操作简便、便于携带、工作稳定等特点，可以广泛应用于各种金属与非金属加工表面的检测，该仪器是传感器主机一体化的袖珍式仪器，具有手持式特点，更适宜在生产现场使用。

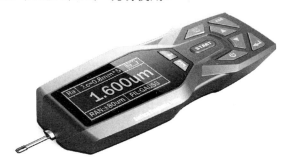

图 2-27　表面粗糙度仪

测量工件表面粗糙度时，将粗糙度仪传感器放在工件被测表面上，由仪器内部的驱动机构带动传感器沿被测表面做等速滑行，传感器通过内置的锐利触针感受被测表面的粗糙度，此时工件被测表面的粗糙度引起触针产生位移，该位移使传感器电感线圈的电感量发生变化，从而在相敏整流器的输出端产生与被测表面粗糙度成比例的模拟信号，该信号经过放大及电平转换之后进入数据采集系统。DSP 芯片对采集到的数据进行数字滤波和参数计算，从而得到被测工件表面粗糙度的数值。

基础知识 3

测量数据的处理

在测绘过程中，按实样测量出来的数据为原始数据，应通过一系列的表格、公式、标准值、相关规定等处理方法对数据进行检验、处理和合理性分析，之后才能标注在零部件图上。

3.1 重要尺寸的处理方法

重要尺寸一般包括机械零部件的总体尺寸、公称尺寸、具有配合关系的尺寸等。

（1）重要尺寸，如中心距、中心高、齿轮轮齿尺寸等，要精确测量，并进行必要的计算、校对，不应随意圆整。

（2）两个零件相配合结构的公称尺寸必须一致。例如，一对相互旋合的内、外螺纹，一般只测量外螺纹尺寸；一对相互配合的孔和轴，一般只测量轴的尺寸。并且，应在测出公称尺寸的基础上，经分析及查阅有关手册确定其配合性质和相应的公差值。

（3）一些不能圆整的计算尺寸，应精确到小数点后三位，如齿轮齿顶圆直径、齿根圆直径等。

3.2 非重要尺寸的处理方法

非重要尺寸包括非配合关系的尺寸、过渡性结构的尺寸等。不重要的尺寸或非配合关系的尺寸如果测得为小数，应圆整处理，如铸件表面非配合尺寸等。这样可以更多地采用标准刀具和量具，降低成本，提高测绘效率和劳动生产率。

3.3 标准结构的数据处理方法

标准结构，如倒角、圆角、键槽、中心孔、退刀槽等，一般均采用标准的结构尺寸。销孔、螺纹孔、齿轮轮齿、与滚动轴承相配合的轴或箱体孔等，其测量结果应与标准值核对，以便制造和选购。

标准结构的尺寸可直接根据其代号查阅相关标准，如 6208 滚动轴承的内圈直径可以直接根据标准 GB/T 276－2013 查得为 40mm，也可用 $8 \times 5 = 40$mm 得到。

3.4 其他注意事项

除了上面所述的重要尺寸、非重要尺寸及标准结构的数据处理方法，还有一些其他尺寸的处理方法，如磨损部位尺寸、测量较为困难的尺寸等。

（1）零部件上磨损部位的尺寸，应参考相关零部件有关的技术资料、参考手册等予以确定。

（2）测量较为困难的尺寸，如油毡槽等的尺寸，测量方法是先大致测出它的几个尺寸，然后查手册找出与已测尺寸接近的标准值。

（3）零部件上的工艺结构，如倒角、退刀槽等的尺寸应查有关标准手册来确定并画在图样上。

（4）零部件上的制造缺陷如缩孔、刀痕、砂眼、毛刺，以及使用过程中所造成的磨损或损坏的部位，不画或根据参考手册的数据加以修正。

（5）测量时一般选择零部件上磨损较少的较大加工表面为测量基准面，这样测得的数据更准确。

基础知识 4

零部件测绘的方法和步骤

零部件测绘就是根据已有零件实物，先绘制出零件草图，然后测量出零件各部分的尺寸，并确定技术要求，最后完成零件工作图。在仿制机器、改造或修配旧机器时，常需要进行零部件测绘。作为工程技术人员，应掌握零部件测绘的一些基本技巧和方法。

4.1 零部件测绘的目的和要求

机械零部件测绘是机械制图课程的一个重要实训教学环节,通过该环节让学生运用所学知识进行草图、零件图和装配图的绘制，初步培养学生运用技术资料、标准、手册等进行机械工程制图的能力，使学生进一步掌握零部件的测绘方法及步骤。并通过学习有关的工艺及设计知识，为以后进行课程设计与毕业设计打好基础，有助于学生对后续课程的学习和理解，对专业课程起着重要的支撑作用，成为机械类各专业教学的重要组成部分。

零部件测绘是学生的一次全面、系统的绘图训练，要求学生刻苦认真、积极钻研、树立严谨细致的工作作风，遇到问题时，应主动思考，积极查阅相关资料，小组合作探究完成测绘任务。在整个测绘过程中，学生不是被动地学习，而是主动地提出和解决问题，学生通过任务分析、小组分工、零部件的拆装、测绘、尺寸处理、绘制零件草图和零件图等一系列任务的完成，提高自身独立绘图的能力，在绘图方法和技能上得到锻炼和提升。

4.2　零部件测绘的基本方法

　　绘制零件草图是零部件测绘的基本任务之一，也是工程师的一项基本技能。草图也称徒手图，是按目测比例，即用眼睛直接估计形体各部分之间的比例大小，不借助任何绘图仪器和工具而徒手绘制的图样。在设备测绘、讨论设计方案、技术交流、现场参观时，受现场或时间限制，经常要绘制草图，以便节约作图时间。

　　零件草图与零件图的区别仅在于前者徒手绘制，后者用绘图工具绘制，草图并不等于潦草，除对线宽和比例不做严格要求外，其字体、图线、尺寸注法、技术要求、标题栏等内容均应符合基本要求。工程技术人员，必须具备徒手绘制草图的能力。

1．徒手绘制草图的要求

　　（1）图线要粗细均匀。

　　（2）目测尺寸尽量准确，各部分比例均匀。

　　（3）标注尺寸无误，字体工整。

　　（4）图面要整洁。

2．徒手绘制草图的基本方法

　　初学徒手绘制草图时，可先在坐标纸上绘制，一般图纸不固定，手腕要悬空，小指接触纸面。绘制草图的铅笔比仪器绘图用的铅笔软一号，一般选用 HB 的铅笔，削成圆锥形，画粗实线要秃些，画细实线可尖些。手握笔的位置比尺规作图要高一些，以便运笔和观察目标。笔杆与纸面成 45°～60° 角。

　　要想较快地绘制好草图，应掌握徒手画各种图线的方法。

　　1）直线的画法

　　画线时，小手指微触纸面，眼看终点，以控制画线方向；画短线时，多用手腕动作；画长线时，多用手臂动作。画水平线、铅直线和倾斜线的运笔方向如图 4-1 所示。

　　2）角度线的画法

　　根据两个直角边的比例关系，在两个直角边上定出两点，然后连接而成。角度线的画法如图 4-2 所示。

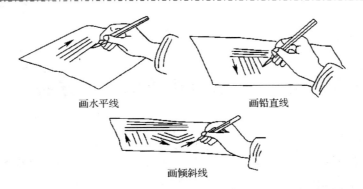

图 4-1　画水平线、铅直线和倾斜线的运笔方向

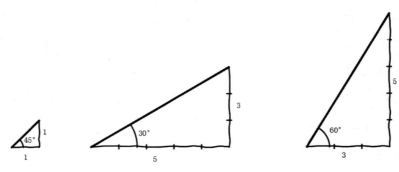

图 4-2　角度线的画法

3）圆及圆角的画法

画直径较小的圆时，先在中心线上按半径目测定出四个点，然后徒手将各点连接成圆，如图 4-3（a）所示。画直径较大的圆时，过圆心加画一对十字线，再按半径目测出八个点，连接成圆，如图 4-3（b）所示。画半圆和圆角时，利用与正方形相切的特点作图。圆角的画法如图 4-4 所示。

4）椭圆的画法

画椭圆时，先画出椭圆的长短轴，然后在相应的轴测轴上按圆的半径取四个点，通过这四个点作相应轴测轴的平行线得到椭圆的外切菱形。最后画四段圆弧与菱形的边分别相切，即得所需椭圆。椭圆的画法如图 4-5 所示。

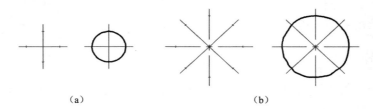

（a）　　　　　　　　　　　　（b）

图 4-3　圆的画法

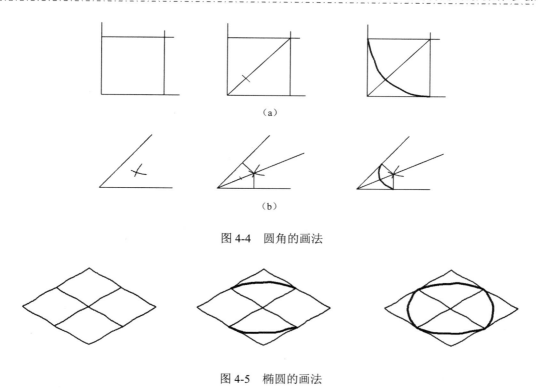

（a）

（b）

图 4-4　圆角的画法

图 4-5　椭圆的画法

3．零部件测绘的注意事项

在零部件测绘时应注意以下事项。

（1）对所有非标准件均要绘制零件草图，零件草图应包括零件图的所有内容，标题栏内要记录零件的名称、材料、数量、图号等。

（2）草图要取决于实物，不得随意更改，更不能凭主观猜测；设计不合理之处，将来在零件图上对其进行更改。

（3）零件的非配合尺寸，如果测得有小数，一般应圆整。

（4）零件上的标准结构要素，测得尺寸后，应取标准值，如齿轮的模数、螺纹的大径、螺距等。

（5）零件上的制造缺陷，如缩孔、刀痕、砂眼、毛刺，以及由于长期使用造成的磨损、碰伤等，不画或加以修正。

（6）零件上的工艺结构，如倒角、倒圆、退刀槽、砂轮越程槽、起模斜度、凸台和凹坑等都必须画出，如属标准结构，应查有关标准确定后画出。

（7）测量时一般选择零件上磨损较小的较大加工表面为测量基准面。

（8）零件上的尺寸应按各组成部分集中测量，既能提高效率，又可避免重复或遗漏尺寸。

（9）草图上较长的线条，可分段绘制，大的圆弧也可分段绘制。

（10）所有标准件，如螺栓、螺母、垫圈、螺钉、轴承、油标等，只需测量出必要的尺寸，列出标准件明细表，可不用画草图。

（11）草图上允许标注封闭尺寸和重复尺寸，这是为了便于检查测量尺寸的准确性。

（12）草图上的零件视图表达要完整、线形要分明、尺寸标注要正确、公差要配合、几何公差的设计选择要合理。

4.3　零部件测绘的步骤

零部件测绘包括分析零件、选择表达方案、绘制零件草图、画尺寸线、测量并标注尺寸数字、确定零件各项技术要求、完成零件工作图等过程。

下面以图 4-6 所示的泵盖为例，说明零部件测绘的一般过程。

图 4-6　泵盖

4.3.1　了解和分析测绘对象

测绘前应先了解零件的名称、零件所属的类型、零件的材料及其在机器或部件中的位置和作用，以及它与其他零件的装配关系，然后对零件的内外结构进行分析，以便确定表达方案。

图 4-6 所示的泵盖属于盘盖类零件，材料为 HT200，故会有铸造圆角等结构。泵盖在齿轮油泵中起支承及密封等作用，其右端面是安装接触面，它与泵体通过螺钉连接在一起，该零件在其接触面上有六个沉头螺钉连接孔和两个定位孔。为支承齿轮轴，其内腔有两个精度要求比较高的孔。

4.3.2 确定视图表达方案

一般根据零件的形状特征，按零件的加工位置或工作位置确定主视图。其他视图及表达方法的选择原则是，应根据零件的复杂程度及其内、外结构的特点，在完整、清晰表达零件结构形状的前提下，采用尽可能少的视图，优先考虑基本视图，并在基本视图上作剖视、断面等。

泵盖主要在车床上加工，故按其主要加工位置选择主视图，轴线水平放置，以垂直轴线的方向作为主视图的投射方向。泵盖共采用两个基本视图进行表达，主视图为全剖视图，采用两个相交的剖切平面，主要表达泵盖的形状特征，以及内腔的轴孔、销孔和螺钉孔的结构；左视图主要反映泵盖的外形和螺钉孔、销孔的数量及分布情况。泵盖零件草图的绘图步骤如图 4-7 所示。

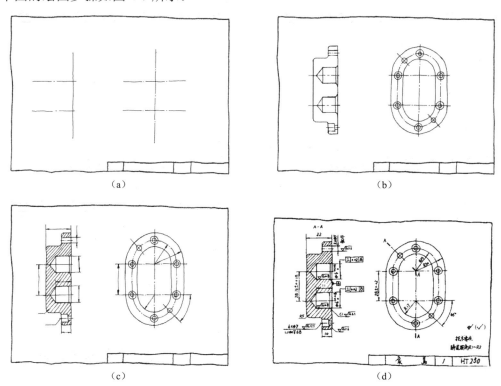

图 4-7 泵盖零件草图的绘图步骤

4.3.3 绘制零件草图

绘制零件草图的步骤如下。

（1）定比例，选图幅。根据零件的总体尺寸、结构复杂程度，确定绘图比例，选择合理的图幅面，画好图框、标题栏及各视图的基准线、中心线，确定各视图的位置。布置视图时，应尽量考虑到零件的最大尺寸，尽可能准确地确定视图的比例，并要考虑到在各视图间留有标注尺寸的位置，如图 4-7（a）所示。

（2）绘制视图。根据选定的表达方案徒手绘制各个视图，先画基本视图的外部轮廓，再画其他各视图、断面图等必要的视图，最后画各细节，如图 4-7（b）所示。

（3）画出剖面线及标注尺寸。为了提高工作效率，在标注尺寸数字之前，先将尺寸线、尺寸界线箭头提前画好，如图 4-7（c）所示。

（4）测量和标注。选择合适的测量工具，集中测量零件的各部分尺寸并标注尺寸数字，最后根据零件的作用及加工方法，注写零件的技术要求，并填写标题栏，如图 4-7（d）所示。

4.3.4　绘制零件工作图

零件草图完成后，通过复核、补充、修改，对草图的表达方案、尺寸标注、技术要求等进行优化、调整或查表，最后完成零件工作图。泵盖零件工作图如图 4-8 所示。

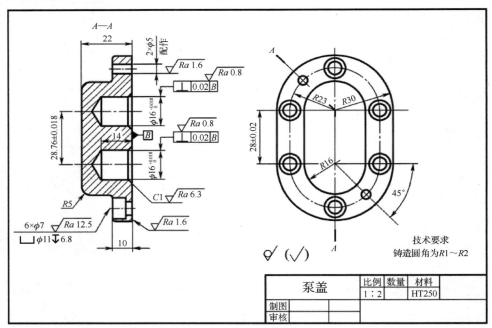

图 4-8　泵盖零件工作图

零件草图中被省略零件的细小结构，如倒角、圆角、退刀槽等，在零件工作图中均应予以表达。

基础知识 5

常用机件的画法

在各种机器和设备上，经常使用螺栓、螺柱、螺钉、螺母、垫圈、键、销、轴承等起连接作用的零件。这些零件应用广泛，需求量大，为了便于制造和使用、提高生产效率、降低生产成本，国家标准对这些零件的结构、尺寸、画法及技术要求等作了统一规定，这些零件已标准化。另外，还有些零件，如齿轮、弹簧等，国家标准只对其部分结构和尺寸进行了标准化，是非标准常用件。国家标准对这两类常用机件的画法进行了规定和简化，在绘制图样时必须遵守。本章将介绍这些标准件和常用件的基本知识、规定画法及规定标记。

5.1 螺纹紧固件及其连接的画法

5.1.1 常用螺纹紧固件及其标记

用螺纹起连接和紧固作用的零件称为螺纹紧固件。常见的螺纹紧固件有螺栓、螺柱、螺钉、螺母和垫圈等，其结构形式和尺寸都已标准化，使用时可按需要根据有关标准选用。

螺纹紧固件无须画出零件图，只需按规定进行标记。表 5-1 列出了部分常用螺纹紧固件及其标记示例。

表 5-1　部分常用螺纹紧固件及其标记示例

名　称	图　例	标记示例及说明
六角头螺栓	M12 50	螺栓 GB/T 5780－2016　M12 × 50 表示六角头粗牙螺栓，螺纹规格为M12，公称长度为 50mm
双头螺柱	M12 50	螺柱　GB/T 899－1988　M12 × 50 表示两端均为普通粗牙螺纹，螺纹规格为 M12，公称长度为 50mm
开槽圆柱头螺钉	M10 45	螺钉 GB/T 65－2016　M10 × 45 表示开槽圆柱头螺钉，螺纹规格为M10，公称长度为 45mm
内六角圆柱头螺钉	M8 50	螺钉　GB/T 70.1－2008　M8 × 50 表示内六角圆柱头螺钉，螺纹规格为M8，公称长度为 50mm
开槽沉头螺钉	M8 40	螺钉　GB/T 68－2016　M8 × 40 表示开槽沉头螺钉，螺纹规格为 M8，公称长度为 40mm
开槽锥端紧定螺钉	M12 40	螺钉　GB/T 71－2018　M12 × 40 表示开槽锥端紧定螺钉，螺纹规格为M12，公称长度为 40mm
1 型六角螺母	M16	螺母　GB/T 6170－2015　M16 表示 1 型六角螺母，螺纹规格为 M16
平垫圈	ϕ17	垫圈 GB/T 97.1－2002　16 表示平垫圈，与螺纹规格 M16 配用

续表

名　称	图　例	标记示例及说明
弹簧垫圈		垫圈　GB/T 93－1987　12 表示弹簧垫圈，与螺纹规格 M12 配用

5.1.2　螺纹紧固件连接的画法

螺纹紧固件连接的基本形式有螺栓连接、双头螺柱连接和螺钉连接三种。绘制螺纹紧固件，一般有查表画法和比例画法两种：查表画法是根据已知螺纹紧固件的规格尺寸，从相应的国家标准中查出各部分的具体尺寸，根据查出的尺寸绘制螺纹紧固件零件图；比例画法是在画图时根据螺纹公称直接 d、D，按比例关系计算出各部分的尺寸，近似画出螺纹紧固件。按比例关系计算各部分尺寸作图比较简单，在实际作图时经常采用，如需标准尺寸，其数值应从相应标准中查得。

画螺纹紧固件连接时应遵守下列基本规定。

（1）两零件的接触面画一条线；凡不接触的相邻表面，无论其间隙大小均需画成两条线（小间隙可夸大画出，一般不小于 0.7mm）。

（2）相邻两零件的剖面线方向应相反，或者方向一致、间隔不等。

（3）当剖切平面通过螺纹紧固件和实心零件（如键、销、球、轴等）的轴线时，这些零件都按不剖绘制，即画其外形。需要时可采用局部剖。

（4）为绘图方便，画图时螺纹紧固件一般不按实际尺寸绘图，而是采用按比例画出的简化画法。螺纹紧固件上的工艺结构如倒角、退刀槽等，可省略不画。

1．螺栓连接的画法

螺栓连接常用的紧固件有螺栓、螺母、垫圈，适用于两个被连接件都不太厚、易加工成通孔且要求连接力较大的场合，如图 5-1（a）所示。装配时，将螺栓插入螺栓孔中，垫上垫圈，拧紧螺母，完成螺栓连接。螺栓连接的比例画法如图 5-1（b）和图 5-1（c）所示。

画螺栓连接时应注意以下几点。

（1）被连接件的孔径必须大于螺栓的大径 d，孔径 = $1.1d$。

（2）螺栓的公称长度 l 按下式计算：

$$l \geqslant \delta_1 + \delta_2 + 0.15d + 0.8d + 0.3d$$

式中，$0.15d$ 为垫圈厚度；$0.8d$ 为螺母厚度；$0.3d$ 为螺栓顶端伸出长度。

由 l 的初算值，查阅附表 A，在螺栓标准的 l 系列值中选取略大于计算值的公称长度 l。

（3）在螺栓连接剖视图中，将被连接零件的接触面画到螺栓大径处。

（4）螺母及螺栓六角头的三个视图应符合投影关系。

（5）螺栓头部和螺母倒角都省略不画。

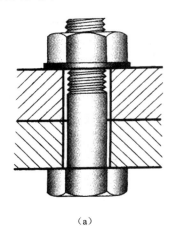

（a）

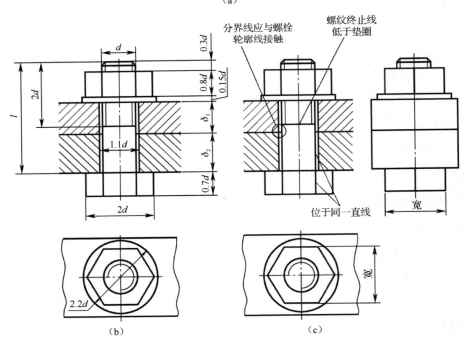

（b）　　　　　　　　（c）

图 5-1　螺栓连接的画法

2．双头螺柱连接的画法

双头螺柱连接常用的紧固件有双头螺柱、螺母、垫圈，一般用于被连接件之一较厚、不宜加工成通孔、其上部较薄零件加工成通孔、要求连接力较大的场合，如图 5-2（a）所示。在拆卸时只需拧出螺母、取下垫圈，不必拧下螺柱，因此不会损坏被连接零件上加工出的螺孔。双头螺柱连接的比例画法如图 5-2（b）和图 5-2（c）所示。

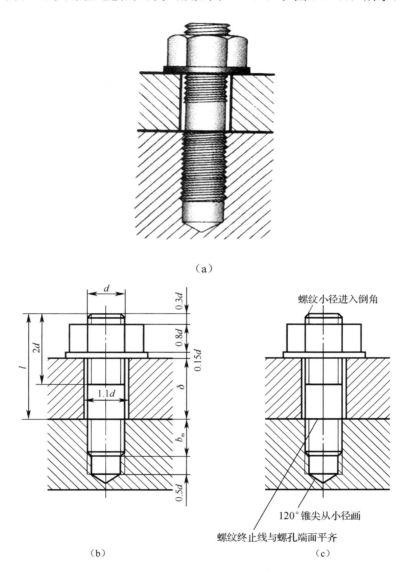

（a）

（b）　　　　　　　　　　　　　　（c）

图 5-2　双头螺柱连接的画法

画双头螺柱连接时应注意以下几点。

（1）双头螺柱的公称长度 l 按下式计算：

$$l \geqslant \delta + 0.15d + 0.8d + 0.3d$$

式中，各项意义与螺栓连接类同。由 l 的初算值，查阅附表 B，在双头螺柱标准的 l 系列值中选取略大于计算值的公称长度 l。

（2）双头螺柱的旋入长度 b_m 与被连接件的材料有关。国家标准规定：钢、青铜 $b_m = d$（GB/T 897—1988）；铸铁 $b_m = 1.25d$（GB/T 898—1988）或 $b_m = 1.5d$（GB/T 899—1988）；铝、铝合金 $b_m = 2d$（GB/T 900—1988）。

（3）被连接零件上的螺孔深度为 $b_m + 0.5d$，如图 5-2（b）所示，而钻孔深度应稍大于螺孔深度，比例画法可不予考虑。

（4）为保证连接牢固，应使旋入端 b_m 完全旋入螺孔中，即旋入端的螺纹终止线应与螺孔端面平齐，如图 5-2（c）所示。

3．螺钉连接的画法

螺钉连接不用螺母，直接将螺钉拧入零件的螺孔中，依靠螺钉头部压紧被连接件，适用于被连接件之一较厚且受力不大、不需经常拆卸的场合。螺钉连接按用途分为连接螺钉连接和紧定螺钉连接两种。

1）连接螺钉连接

连接螺钉连接及其比例画法如图 5-3 所示。

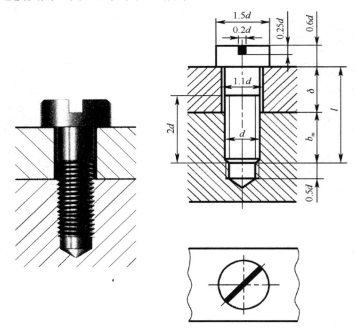

（a）开槽圆柱头螺钉

图 5-3　连接螺钉连接及其比例画法

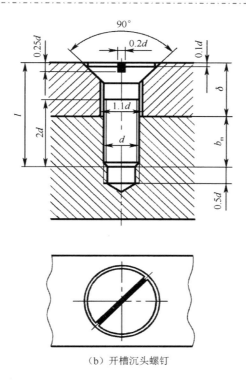

（b）开槽沉头螺钉

图 5-3　连接螺钉连接及其比例画法（续）

画连接螺钉连接时应注意以下几点。

（1）螺钉的公称长度 l 按下式计算：

$$l \geqslant \delta + b_{\mathrm{m}}$$

由 l 的初算值，查阅附表 C，在螺钉标准的 l 系列值中选取略大于计算值的公称长度 l。

（2）螺钉的旋入长度 b_{m} 也与被连接件的材料有关，其取值与双头螺柱相同。

（3）为了使螺钉能压紧被连接零件，螺钉的螺纹终止线应高出螺孔的端面，或在螺杆上都加工出螺纹。

（4）螺钉头部的一字槽在俯视图上应画成与中心线成 45° 角，若槽宽小于或等于 2mm，可用加粗涂黑的粗实线绘制。

（5）螺钉连接中，有的螺孔是通孔，有的是不通孔，不通孔底部有 120° 的锥角。

2）紧定螺钉连接

紧定螺钉连接主要用于固定两零件的相对位置，使它们不产生相对运动。图 5-4 中的轴和齿轮，用一个开槽锥端紧定螺钉旋入齿轮上的螺孔中，使螺钉端部的 90° 锥顶角与轴上 90° 锥坑压紧，从而固定了轴和齿轮的相对位置，其画法如图 5-4（c）所示。

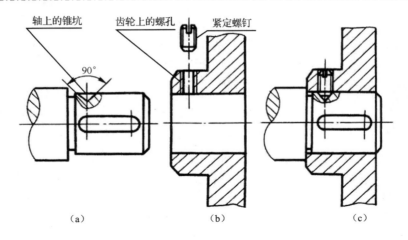

图 5-4　紧定螺钉连接的画法

5.2　键和销

键和销都是标准件。对于它们的结构、尺寸及画法，国家标准都有相关规定。

5.2.1　键连接

1. 键及其标记

键用来连接轴和安装在轴上的传动零件（如齿轮、带轮、联轴器等），起传递转矩的作用。通常在轴和轮上分别制出一个键槽，装配时先将键嵌入轴的键槽内，再把轴与键对准轮上的键槽插入即可。图 5-5 所示为轴与齿轮之间的键连接。

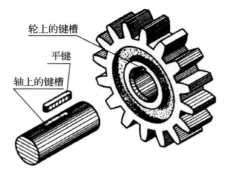

图 5-5　轴与齿轮之间的键连接

键的种类很多，常用的有普通平键、半圆键和钩头楔键等。几种常用键及其规定标记如表 5-2 所示。

表 5-2 几种常用键及其规定标记

名 称	图 例	规 定 标 记
普通平键	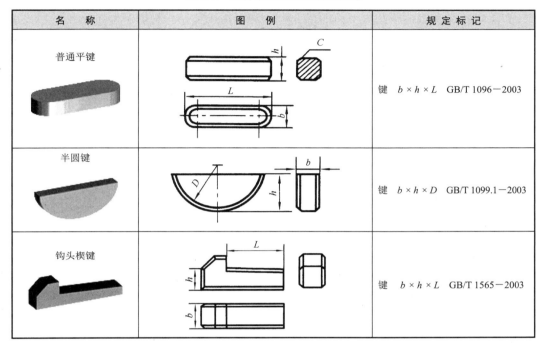	键 $b \times h \times L$ GB/T 1096—2003
半圆键		键 $b \times h \times D$ GB/T 1099.1—2003
钩头楔键		键 $b \times h \times L$ GB/T 1565—2003

2. 键连接的画法

轴和轮毂上键槽的画法及尺寸标注如图 5-6 所示。键槽的宽度 b 可根据轴的直径 d 查键的标准（见附表 D）确定，轴上的槽深 t 和轮毂上的槽深 t_1 也可从标准中查得，键的长度 L 则应根据设计要求按宽度 b 从标准中选定。

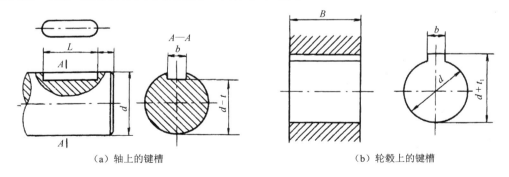

（a）轴上的键槽　　　　　　　　　　　　　　（b）轮毂上的键槽

图 5-6 轴和轮毂上键槽的画法及尺寸标注

普通平键和半圆键的两个侧面是工作面，在绘制装配图时，键的两侧面和下底面都应同轴和轮上的相应表面接触，应不留间隙，画成一条线。键的顶面与轮毂上键槽的底面不接触，应有间隙，画成两条线。当剖切平面通过键的纵向对称平面时，键按不剖绘制；而轴上的键槽一般采用局部剖视。图 5-7、图 5-8 所示分别为普通平键连接画法和半圆键连接画法。

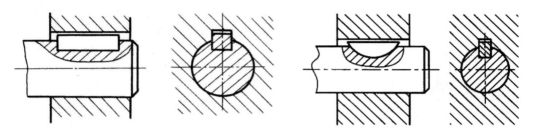

图 5-7　普通平键连接画法　　　　　图 5-8　半圆键连接画法

5.2.2　销连接

1．销及其标记

销主要用于零件间的连接和定位，这种连接只能传递不大的转矩。常用的销有圆柱销、圆锥销和开口销等，其结构、尺寸和标记都可在相应的国家标准（见附表 E）中查得。常用销及其标记如表 5-3 所示。

表 5-3　常用销及其标记

名　称	图　例	标　记
圆柱销		销　GB/T 119.1－2000 d m6 $\times l$ （d 的公差为 m6）
圆锥销	1∶50	销　GB/T 117－2000 $d \times l$
开口销		销　GB/T 91－2000 $d \times l$

2．销连接的画法

圆柱销、圆锥销和开口销连接的画法如图 5-9 所示。当剖切平面通过销的轴线时，销按不剖绘制，轴用局部剖。用圆柱销和圆锥销连接零件时，装配要求较高，被连接零件的销孔通常需要一起加工，并在零件图上注明"装时配作"或"与××件配作"。锥销孔的标注如图 5-10 所示。

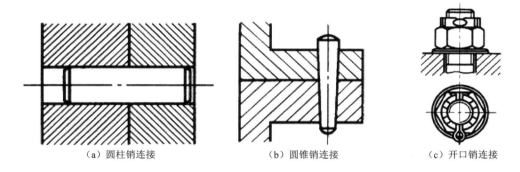

（a）圆柱销连接　　　　　　（b）圆锥销连接　　　　　　（c）开口销连接

图 5-9　圆柱销、圆锥销和开口销连接的画法

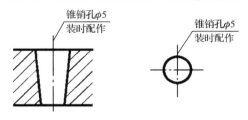

图 5-10　锥销孔的标注

5.3　齿轮

齿轮是机器中的重要传动零件，应用非常广泛，通常成对使用。它不仅可以用来传递动力，还能改变转速和运动方向。齿轮模数、压力角等参数已标准化，因此齿轮属于常用件。图 5-11 所示的是常见的齿轮传动，圆柱齿轮用于传递两平行轴之间的运动；圆锥齿轮用于传递两相交轴之间的运动；蜗杆传动用于传递两交错轴之间的运动。

（a）直齿圆柱齿轮

（b）斜齿圆柱齿轮

（c）圆锥齿轮

（d）蜗轮蜗杆

图 5-11 常见的齿轮传动

5.3.1 直齿圆柱齿轮各部分名称、代号及尺寸计算

1. 直齿圆柱齿轮各部分名称和代号

直齿圆柱齿轮各部分名称及其代号如图 5-12 所示。

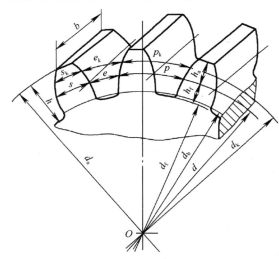

图 5-12 直齿圆柱齿轮各部分名称及其代号

（1）齿数 z：齿轮上轮齿的个数。

（2）齿顶圆：通过齿轮各齿顶端的圆，其直径用 d_a 表示。

（3）齿根圆：通过齿轮各齿根的圆，其直径用 d_f 表示。

（4）分度圆：通过齿轮上齿厚 s 等于齿槽宽 e 处的假想圆，是设计、制造齿轮时计算轮齿各部分尺寸的基准圆，其直径用 d 表示。

（5）齿距：分度圆上相邻两齿对应点之间的弧长，用 p 表示，$p = s + e$。

（6）齿高：齿顶圆与齿根圆之间的径向距离，用 h 表示，$h = h_a + h_f$。

齿顶高：分度圆与齿顶圆之间的径向距离，用 h_a 表示。

齿根高：分度圆与齿根圆之间的径向距离，用 h_f 表示。

（7）模数 m：由分度圆周长 $= \pi d = zp$，得 $d = \dfrac{zp}{\pi}$，其中 π 为无理数，为了计算和测量方便，令 $\dfrac{p}{\pi} = m$，则分度圆直径 $d = mz$，其中 m 称为模数，单位为 mm。

模数 m 是设计和制造齿轮的一个重要参数。模数越大，轮齿越厚，齿轮的承载能力越大。不同模数的齿轮要用不同模数的刀具加工制造，为了便于设计和制造，国家标准已将齿轮模数标准化、系列化。齿轮模数系列如表 5-4 所示。

表 5-4　齿轮模数系列（GB/T 1357—2008）　　　　　　　　　　　单位/mm

第一系列	1　1.25　1.5　2　2.5　3　4　5　6　8　10　12　16　20　25　32　40　50
第二系列	1.75　2.25　2.75　（3.25）　3.5　（3.75）　4.5　5.5　（6.5）　7　9　（11）　14　18　22　28　36　45

注：1. 对斜齿轮是指法面模数。

　　2. 在选用模数时，优先选用第一系列，其次选用第二系列，括号内模数尽可能不用。

（8）压力角 α：两个相互啮合的齿轮在节点处轮齿齿廓曲线的公法线（受力方向）和两节圆的公切线（运动方向）所夹的锐角。我国规定标准齿轮的压力角 $\alpha = 20°$。

（9）传动比 i：一对啮合齿轮中，主动齿轮的转速 n_1 与从动齿轮的转速 n_2 之比称为传动比，即 $i = n_1 / n_2 = z_2 / z_1$。减速齿轮传动比 $i > 1$，增速齿轮传动比 $i < 1$。

（10）中心距：两啮合齿轮中心之间的距离，用 a 表示，$a = \dfrac{(d_1 + d_2)}{2}$。

2. 直齿圆柱齿轮各部分尺寸计算

标准直齿圆柱齿轮各部分的尺寸都与模数有关，设计齿轮时，先确定模数和齿数，然后根据表 5-5 计算齿轮其他各部分的尺寸。

表 5-5　标准直齿圆柱齿轮各部分尺寸计算公式

名　称	代　号	计算公式	名　称	代　号	计算公式
分度圆直径	d	$d = mz$	齿高	h	$h = h_a + h_f = 2.25m$
齿顶圆直径	d_a	$d_a = m(z + 2)$	齿距	p	$p = \pi m$
齿根圆直径	d_f	$d_f = m(z - 2.5)$	齿厚	s	$s = \dfrac{1}{2} p = \dfrac{1}{2} \pi m$
齿顶高	h_a	$h_a = m$	槽宽	e	$e = \dfrac{1}{2} p = \dfrac{1}{2} \pi m$
齿根高	h_f	$h_f = 1.25m$	中心距	a	$a = \dfrac{1}{2} m(z_1 + z_2)$

5.3.2 直齿圆柱齿轮的规定画法（GB/T 4459.2—2003）

1．单个直齿圆柱齿轮的画法

单个直齿圆柱齿轮的画法应遵循轮齿部分按规定画、其他部分按齿轮的实际结构绘制的原则。

（1）单个直齿圆柱齿轮一般用全剖的非圆视图（主视图）和端视图（左视图）两个视图表示。

（2）齿轮轮齿部分：在视图中，齿顶圆和齿顶线用粗实线绘制；分度圆和分度线用细点画线绘制；齿根圆和齿根线用细实线绘制，也可省略不画。直齿圆柱齿轮（视图）如图5-13（a）所示。

（3）在剖视图中，当剖切平面通过齿轮轴线时，轮齿部分一律按不剖处理，齿根线用粗实线绘制。直齿圆柱齿轮（全剖视图）如图5-13（b）所示。

（4）当需要表示斜齿或人字齿齿线的特征时，可用三条与齿线方向一致的细实线表示。斜齿轮（半剖视图）和人字齿轮（局部剖视图）如图5-13（c）、图5-13（d）所示。齿轮其余部分按真实投影画出。

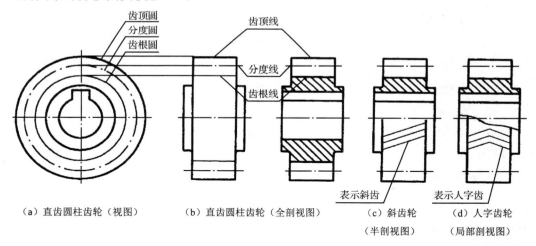

（a）直齿圆柱齿轮（视图）　　（b）直齿圆柱齿轮（全剖视图）　　（c）斜齿轮（半剖视图）　　（d）人字齿轮（局部剖视图）

图5-13　直齿圆柱齿轮规定画法

2．啮合齿轮的画法

一对标准齿轮啮合，它们的模数必须相等、分度圆相切。在齿轮传动的绘制中，为了表达传动关系和齿轮结构，通常采用剖视图的画法。

（1）在投影为圆的视图中，两齿轮分度圆相切，用细点划线绘制。啮合区内的齿顶圆均用粗实线绘制，如图5-14（a）所示，或采用省略画法，如图5-14（b）所示。

（2）在非圆投影的剖视图中，当剖切平面通过两啮合齿轮的轴线时，啮合区内，两条分度线重合为一条，用细点划线绘制；两条齿根线用粗实线绘制；两条齿顶线之一用粗实线绘制，而另一条用虚线画出或省略不画，如图 5-14（a）中的主视图所示。

（3）在非圆投影的外形视图中，啮合区内的齿顶线不需画出，分度线用粗实线绘制，其他处的分度线用细点划线绘制，如图 5-14（c）所示。

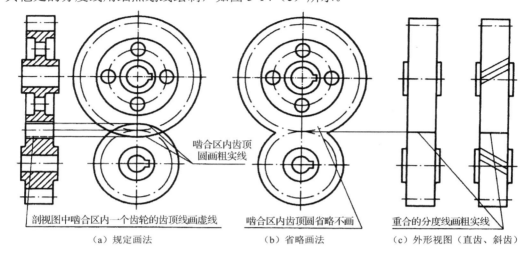

（a）规定画法　　　　　　　（b）省略画法　　　　　　（c）外形视图（直齿、斜齿）

图 5-14　直齿圆柱齿轮啮合的规定画法

5.3.3　标准直齿轮的测绘

（1）数得齿数 z。

（2）测量齿顶圆直径 d_a：偶数齿可用游标卡尺直接量得，奇数齿可间接测出 $d_a = 2e + d$。齿顶圆直径 d_a 的测量如图 5-15 所示。

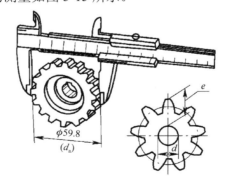

图 5-15　齿顶圆直径 d_a 的测量

（3）计算模数 m。标准齿轮，其模数 $m = d_a / (z + 2)$，求得 m，再查阅表 5-4 取一个比较接近的标准模数。

（4）根据齿数和模数，计算齿轮各部分尺寸，以及测量其他部分尺寸。

（5）绘制齿轮的零件图，如图 5-16 所示。

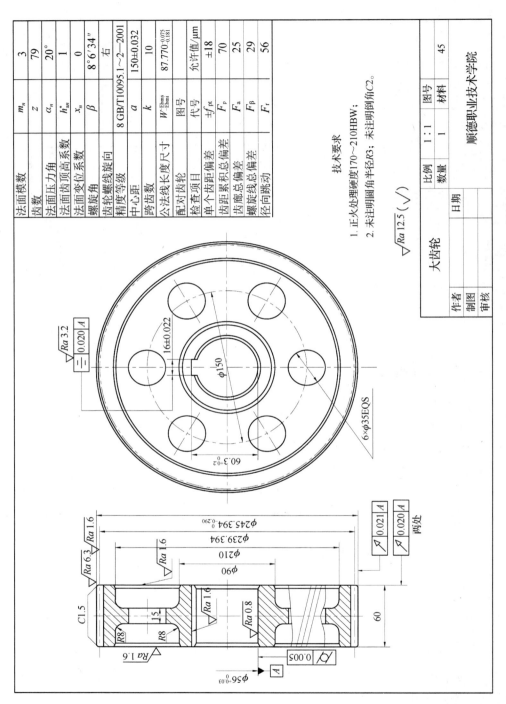

法面模数	m_n	3
齿数	z	79
法面压力角	α_n	20°
法面齿顶高系数	h^*_{an}	1
法面变位系数	x_n	0
螺旋角	β	8°6'34"
齿轮螺线旋向		右
精度等级	8 GB/T10095.1~2—2001	
中心距	a	150±0.032
跨齿数	k	10
公法线长度尺寸	$W'^{\text{Ebms}}_{\text{Ebmi}}$	$87.770^{-0.075}_{-0.181}$
配对齿轮	图号	
检查项目	代号	允许值/μm
单个齿距偏差	$\pm f_{pt}$	±18
齿距累积总偏差	F_p	70
齿廓总偏差	F_a	25
螺旋线总偏差	F_β	29
径向跳动	F_r	56

技术要求

1. 正火处理硬度170~210HBW；
2. 未注明圆角半径R3；未注明倒角C2。

$\sqrt{Ra\,12.5}(\sqrt{\ })$

大齿轮				
		比例	1:1	图号
		数量	1	材料	45
作者		日期		顺德职业技术学院
制图				
审核				

图 5-16 齿轮零件图

5.4　滚 动 轴 承

滚动轴承是用于支撑旋转轴的一种标准部件。它具有结构紧凑、摩擦阻力小，能在较大的载荷及较高精度范围内工作等优点，已被广泛应用于各类机器及仪表中。

5.4.1　滚动轴承的结构及种类

滚动轴承的种类很多，但其结构大致相同，一般由外圈、内圈、滚动体及保持架组成，如图 5-17 所示。工作时，轴承外圈装在机座的孔内，固定不动；内圈套在转动的轴上，随轴转动。

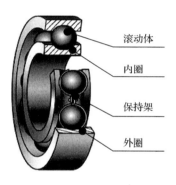

图 5-17　滚动轴承

5.4.2　滚动轴承的代号（GB/T 272—2017）

滚动轴承是一种标准件，它的结构特点、类型和内径尺寸等均采用代号来表示。滚动轴承的代号由前置代号、基本代号和后置代号构成，排列顺序为

前置代号　基本代号　后置代号

基本代号是轴承代号的基础，前置代号和后置代号是补充代号，只是轴承在结构形状、尺寸、技术要求等有改变时，在其基本代号的前、后添加的补充代号，其具体规定可查阅标准 GB/T 272—2017。

滚动轴承的基本代号由轴承类型代号、尺寸系列代号和内径代号构成。基本代号最左边的一位数字（或字母）为类型代号。滚动轴承类型代号如表 5-6 所示。左起第二、三位数字为尺寸系列代号，第二位数字表示轴承高（宽）度系列代号，即在内径、外径相同时，有不同的宽度尺寸；第三位数字表示轴承直径系列代号，即在内径相同时有各种不同的外径，具体内容可查阅轴承标准（见附表 F 和附表 G）。最右边的两位数字是内径代号，其中 00、01、02、03 分别表示内径 $d=10$、12、15、17（单位为 mm）；当内径代号 $\geqslant 04$ 时，内径 $d=$ 内径代号 $\times 5$。

表 5-6　滚动轴承类型代号

代号	轴　承　类　型	代号	轴　承　类　型
0	双列角接触球轴承	6	深沟球轴承
1	调心球轴承	7	角接触球轴承
2	调心滚子轴承和推力调心滚子轴承	8	推力圆柱滚子轴承
3	圆锥滚子轴承	N	圆柱滚子轴承（双列或多列用字母 NN 表示）
4	双列深沟球轴承	U	外球面轴承
5	推力球轴承	QJ	四点接触球轴承

例如，

轴承 6208（GB/T 272—2017）

"6"表示深沟球轴承，宽度系列代号为"0"（对于深沟球轴承，宽度系列代号为"0"时可以省略），"2"为直径系列代号，"08"表示轴承内径 $d=8\times 5=40$mm。

轴承 31307（GB/T 272—2017）

"3"表示圆锥滚子轴承，宽度系列代号为"1"，直径系列代号为"3"，"07"表示轴承内径 $d=7\times 5=35$mm。

轴承 52310（GB/T 272—2017）

"5"表示推力球轴承，宽度系列代号为"2"，直径系列代号为"3"，"10"表示轴承内径 $d=10\times 5=50$mm。

5.4.3　滚动轴承的画法（GB/T 4459.7—2017）

滚动轴承的画法分为简化画法和规定画法。简化画法又分为通用画法和特征画法。采用简化画法绘制滚动轴承时，一律不画剖面线。采用规定画法绘制剖视图时，轴承的滚动体不画剖面线，内、外圈画上方向和间隔相同的剖面线，在不致引起误解时，可省略不画。在同一图样中一般只采用其中一种画法。

常用滚动轴承特征画法和规定画法示例如表 5-7 所示，其中规定画法一般绘制在轴的一侧，另一侧按通用画法绘制。

表 5-7　常用滚动轴承特征画法和规定画法示例

轴承类型和承载特征	结构形式	特征画法	规定画法
深沟球轴承 （GB/T 276－2013） 6000 型 主要承受径向载荷			
圆锥滚子轴承 （GB/T 297－2015） 30000 型 可同时承受径向 和轴向载荷			
推力球轴承 （GB/T 301－2015） 51000 型 承受单向轴向载荷			

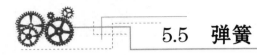

5.5　弹簧

弹簧是一种常用件，具有储存能量的特性，去除外力后能立即恢复原状，在机器、仪表和电器等产品中起到减振、夹紧、测力和储存能量等作用。弹簧的种类很多，常用的弹簧如图 5-18 所示。圆柱螺旋压缩弹簧是常见的、应用较广的弹簧。

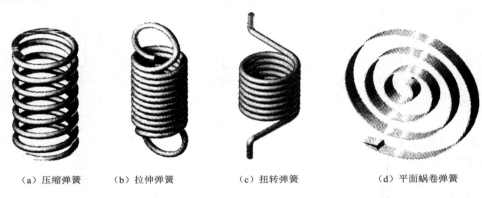

（a）压缩弹簧　　　（b）拉伸弹簧　　　　（c）扭转弹簧　　　　（d）平面蜗卷弹簧

图 5-18　常用的弹簧

5.5.1　圆柱螺旋压缩弹簧各部分的名称及尺寸关系

圆柱螺旋压缩弹簧各部分名称及尺寸关系如图 5-19 所示。

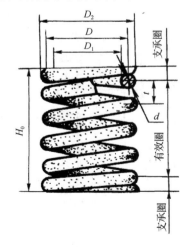

图 5-19　圆柱螺旋压缩弹簧各部分名称及尺寸关系

（1）弹簧材料直径 d：制造弹簧的钢丝直径。

（2）弹簧外径 D_2：弹簧的最大直径。

（3）弹簧内径 D_1：弹簧的最小直径，$D_1 = D_2 - 2d$。

（4）弹簧中径 D：弹簧的平均直径，$D = (D_1 + D_2)/2 = D_1 + d = D_2 - d$

（5）有效圈数 n：弹簧能保持相等节距的圈数。

支承圈数 n_2：为使弹簧受力均匀，增加平稳性，将弹簧两端并紧、磨平的圈数，支承圈数一般为 1.5 圈、2 圈、2.5 圈，以 2.5 圈居多。

总圈数 n_1：有效圈数与支承圈数之和，$n_1 = n + n_2$。

（6）节距 t：有效圈内相邻两圈的轴向距离。

（7）自由高度 H_0：弹簧无负荷作用时的高度（长度），$H_0 = nt + (n_2 - 0.5)d$。

5.5.2 圆柱螺旋压缩弹簧的规定画法（GB/T 4459.4—2003）

圆柱螺旋压缩弹簧的画法如图 5-20 所示。为了简化作图，国家标准对螺旋压缩弹簧的画法做了如下规定。

（1）螺旋弹簧在平行于弹簧轴线投影面上所得的图形，可画成视图，也可画成剖视图，其各圈的轮廓应画成直线，如图 5-20 所示。

（2）螺旋弹簧均可画成右旋，必须保证的旋向要求应在"技术要求"中注明。

（3）有效圈数在 4 圈以上的弹簧，可只画出两端的 1～2 圈，中间各圈可不画，而将两端用细点画线连接起来，允许适当缩短图形的长度，如图 5-20 所示。

（4）对于两端并紧、磨平的压缩弹簧，无论支承圈数多少和并紧情况如何，均可按支承圈数 2.5、磨平圈数 1.5 绘制，如图 5-20 所示。必要时也可按支承圈的实际情况绘制。

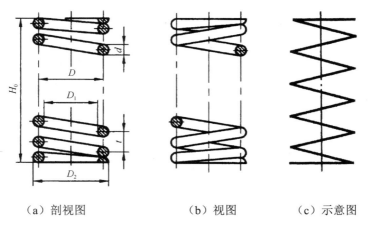

（a）剖视图　　　　（b）视图　　　　（c）示意图

图 5-20　圆柱螺旋压缩弹簧的画法

（5）在装配图中，被弹簧挡住的结构一般不画，可见部分从弹簧的外轮廓线或从弹簧钢丝剖面的中心线画起，如图 5-21（a）所示。

（6）在装配图中，弹簧被剖切时，若剖面直径在图形上等于或小于 2mm，剖面可以涂黑表示，如图 5-21（b）所示；也可用示意图画出，如图 5-21（c）所示。

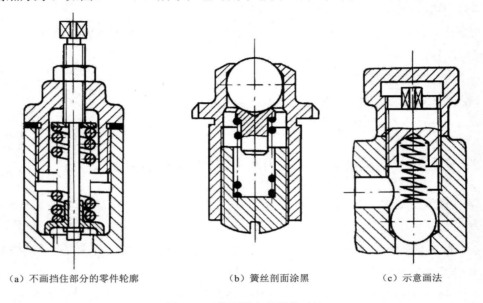

（a）不画挡住部分的零件轮廓　　　　　（b）簧丝剖面涂黑　　　　　（c）示意画法

图 5-21　装配图中弹簧的画法

5.5.3　圆柱螺旋压缩弹簧的画图步骤

已知钢丝直径 d、弹簧外径 D_2、弹簧节距 t、有效圈数 n、支承圈数 n_2，右旋，计算出必要的未知参数，再按图 5-22 所示的方法和步骤绘制圆柱螺旋压缩弹簧。

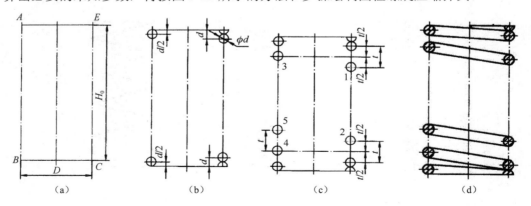

（a）　　　　　　　　（b）　　　　　　　　（c）　　　　　　　　（d）

图 5-22　圆柱螺旋压缩弹簧的画图步骤

画图步骤如下：

（1）根据计算出的弹簧中径 D 和自由高度 H_0，用细点画线画出矩形 $ABCE$，如图 5-22（a）所示。

（2）在 AB、CE 中心线上画出弹簧支承圈的圆和半圆，如图 5-22（b）所示。

（3）根据节距 t 画出两端有效圈弹簧丝的剖面，按图中数字顺序作图，如图 5-22（c）所示。

（4）按右旋方向作相应圆的公切线，画剖面线，即完成作图，如图 5-22（d）所示。

5.6　油标

油标是机械上用来观察现有油量情况的装置，正常的油量应该在标注的上、下线（限）之间，如果达到上线以上，说明油量太大应该调整；如果在下线以下，应及时补充油量，否则，不但机械的功能得不到正常发挥，而且会出现机械故障甚至事故。为了便于检查箱内油面高低，箱座上设有油标。

油标包含旋入式油标、压配式油标、长形油标等。旋入式游标有 A 型和 B 型两种，A 型用作油位指示器，B 型用于窥视油液工作状况，如图 5-23 所示。

标记示例：

视孔 $d = 32\text{mm}$，A 型旋入式圆形油标标记为：

油标　A32　JB/T 7941.2—1995

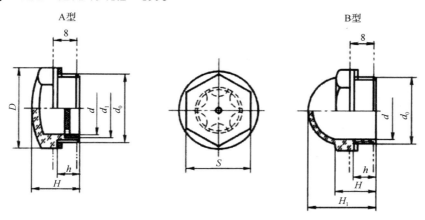

图 5-23　旋入式游标

旋入式游标的常用尺寸如表 5-8 所示。

表 5-8　旋入式游标的常用尺寸

单位/mm

d	d_0	D		d_1		S		H	H_1	h
		基本尺寸	极限偏差	基本尺寸	极限偏差	基本尺寸	极限偏差			
10	M16 × 1.5	22	− 0.065 − 0.195	12	− 0.050 − 0.160	21	0 − 0.33	15	22	8
20	M27 × 1.5	36	− 0.080 − 0.240	22	− 0.065 − 0.195	32	0 − 1.00	18	30	10
32	M42 × 1.5	52	− 0.100 − 0.290	35	− 0.080 − 0.240	46		22	40	12
50	M60 × 2	72		55	− 0.100 − 0.290	65	0 − 1.20	26	—	14

5.7　密封圈

5.7.1　O 形密封圈

O 形密封圈是一种截面为圆形的橡胶密封圈，也叫 O 形圈，如图 5-24 所示。O 形密封圈最开始出现在 19 世纪中叶，当时它用作蒸汽机汽缸的密封元件。因为价格便宜、制造简单、功能可靠，并且安装要求简单，O 形密封圈是最常见的密封用零件。O 形密封圈可以承受几十兆帕斯卡（千磅）的压力，可用于静态应用，也可以用于部件之间有相对运动的动态应用，如旋转泵的轴和液压缸活塞。

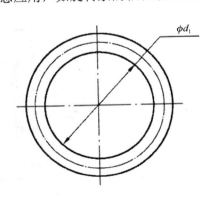
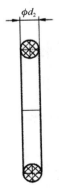

图 5-24　O 形密封圈

O 形密封圈尺寸标记代号示例如表 5-9 所示。

表 5-9　O 形密封圈尺寸标记代号示例

内径 d_1/mm	截面直径 d_2/mm	系列代号 （G 或 A）	等级代号 （N 或 S）	O 形密封圈尺寸标记代号
7.5	1.8	G	S	O 形圈 7.5 × 1.8-G-S-GB/T 3452.1—2005
32.5	2.65	A	N	O 形圈 32.5 × 2.65-A-N-GB/T 3452.1—2005
167.5	3.55	A	S	O 形圈 167.5 × 3.55-A-S-GB/T 3452.1—2005
268	5.3	G	N	O 形圈 268 × 5.3-G-N-GB/T 3452.1—2005
515	7	G	N	O 形圈 515 × 7-G-N-GB/T 3452.1—2005

　　注：1. A 系列：宇航用 O 形密封圈系列；G 系列：通用 O 形密封圈系列。

　　　　2. 等级代号为 N 或 S。

5.7.2　唇形密封圈

　　唇形密封圈的密封是通过其唇口在液压力的作用下变形，使唇边紧贴密封面而实现的，其基本结构如图 5-25 所示。其基本结构由装配支撑部、骨架、弹簧、主唇、副唇（无防尘要求可无副唇）组成。

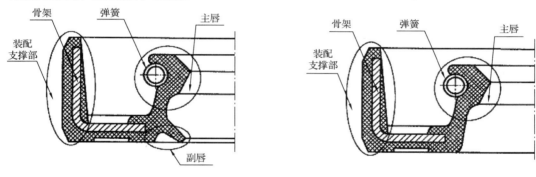

图 5-25　唇形密封圈的基本结构

唇形密封圈的基本结构分类有图 5-26 所示的六种类型。

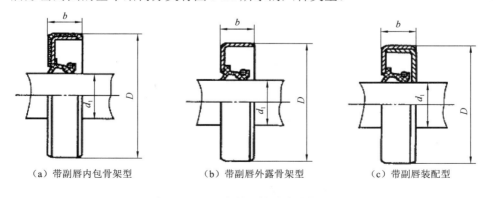

（a）带副唇内包骨架型　　　（b）带副唇外露骨架型　　　（c）带副唇装配型

图 5-26　唇形密封圈的基本结构分类

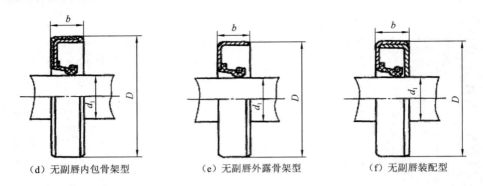

（d）无副唇内包骨架型　　　　（e）无副唇外露骨架型　　　　（f）无副唇装配型

图 5-26　唇形密封圈的基本结构分类（续）

唇形密封圈的基本尺寸如表 5-10 所示。

表 5-10　唇形密封圈的基本尺寸　　　　　　　　　　　　　　单位/mm

d_1	D	b	d_1	D	b	d_1	D	b	d_1	D	b
6	16	7	25	40	7	45	62	8	105	130	12
6	22	7	25	47	7	45	65	8	110	140	12
7	22	7	25	52	7	50	68	8	120	150	12
8	22	7	28	40	7	50	70	8	130	160	12
8	24	7	28	47	7	50	72	8	140	170	15
9	22	7	28	52	7	55	72	8	150	180	15
10	22	7	30	42	7	55	75	8	160	190	15
10	25	7	30	47	7	55	80	8	170	200	15
12	24	7	30	50	7	60	80	8	180	210	15
12	25	7	30	52	7	60	85	8	190	220	15
12	30	7	32	45	8	65	85	10	200	230	15
15	26	7	32	47	8	65	90	10	220	250	15
15	30	7	32	52	8	70	90	10	240	270	15
15	35	7	35	50	8	70	95	10	250	290	15
16	30	7	35	52	8	75	95	10	260	300	20
16	35	7	35	55	8	75	100	10	280	320	20
18	30	7	38	55	8	80	100	10	300	340	20
18	35	7	38	58	8	80	110	10	320	360	20
20	35	7	38	62	8	85	110	12	340	380	20
20	40	7	40	55	8	85	120	12	360	400	20
20	45	7	40	60	8	90	115	12	380	420	20
22	35	7	40	62	8	90	120	12	400	440	20
22	40	7	42	55	8	95	120	12			
22	47	7	42	62	8	100	125	12			

资料来源：GB/T 9877—2008。

第二篇 学习情境篇

学习情境 1

柴油机曲轴连杆机构测绘

学习目标

（1）了解柴油机的构造、工作原理。

（2）掌握机械产品正确的拆装方法，熟悉常用工具的使用方法。

（3）熟悉、掌握常用测量器具的使用方法。

（4）掌握典型机械零件的测量方法，能绘制零件草图并标注尺寸。

（5）能正确应用所学知识完成规定的零件、组件的测绘工作，正确给出尺寸、精度、粗糙度等。

（6）能绘制主要部件装配工程图。

建议学时

28 学时（一周）

部件概述

1．柴油机的工作原理

柴油机是用柴油作燃料的内燃机。柴油机属于压缩点火式发动机，它又常以主要发明者狄塞尔的名字称为狄塞尔引擎（见图 LS1-1）。柴油机的工作是通过进气、压缩、燃烧做功和排气这四个过程来完成的，这四个过程构成了一个工作循环（见图 LS1-2）。活塞进行四个过程才能完成一个工作循环的柴油机称为四冲程柴油机。柴油机在工作时，吸入柴油机气缸内的空气，因活塞的运动受到较高程度的压缩，达到 500～700℃ 的高温。然后将燃油以雾状喷入高温空气中，与高温空气混合形成可燃混合气，自动着火燃烧。燃烧中释放的能量作用在活塞顶面，推动活塞并通过连杆和曲轴转换为旋转的机械功。

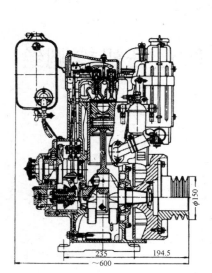
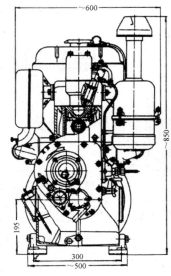

图 LS1-1　德力牌 DLH110 柴油机

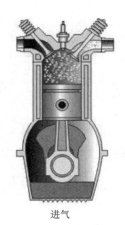

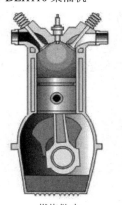
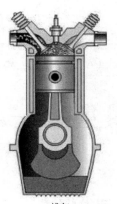

进气　　　　　　　压缩　　　　　　燃烧做功　　　　　　排气

图 LS1-2　柴油机工作原理图

2．柴油机的结构组成

柴油机的构造概括起来由两个机构和四个系统组成，即曲轴连杆机构、配气机构、供给系统、润滑系统、冷却系统和启动系统。

（1）曲轴连杆机构。它是发动机实现工作循环，完成能量转换的机构，用以传递动力，将活塞的直线往复运动改变为曲轴的旋转运动；在辅助冲程时，由曲轴、飞轮的旋转运动转变为活塞的直线往复运动。曲轴连杆机构总成如图 LS1-3 所示。

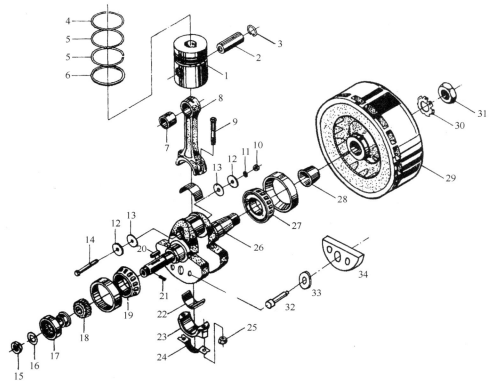

1—活塞；2—活塞销；3—孔用弹性挡圈 32/36；4—第一道气环；5—第二、三道气环；6—内撑油环组合；
7—连杆衬套；8—连杆；9—连杆螺钉；10—螺母 M8；11—弹簧垫圈 8；12—挡片；13—纸垫；14—螺栓 M8×75；
15—螺母；16—加强垫圈；17—圆柱滚子轴承 42305；18—曲轴正时齿轮；19—圆锥滚子轴承 7210E/7213E；
20—普通平键 8×35；21—传动销；22—连杆轴瓦；23—连杆盖；24—连杆螺母锁片；25—连杆螺母；26—曲轴；
27—圆锥滚子轴承 7310E/7213E/7215E；28—飞轮铜套；29—飞轮；30—锁紧垫片；31—飞轮螺母/飞轮螺栓；
32—螺钉 M10×20；33—垫圈 10；34—平衡配重。

图 LS1-3　曲轴连杆机构总成

曲轴连杆机构主要零件如下。

① **机体组**：由气缸体、曲轴箱、气缸和气缸盖等组成。

② **活塞组**：由活塞、活塞环、活塞销和卡簧等组成。

③ **连杆组**：由衬套、连杆、连杆轴瓦、连杆轴承盖和连杆螺母等组成。连杆组的功能是连接活塞和曲轴，将活塞的往复运动变成曲轴的旋转运动或将曲轴的旋转运动变成活塞的往复运动。

④ **曲轴飞轮组**：包括曲轴与飞轮两部分。

（2）配气机构。配气机构的功能是按照柴油机的工作顺序定时启闭气门，使新鲜空气（或混淆是非合气）及时进入主气缸，并适时排出废气。该机构由驱动组、气门组、气门传动组三部分组成，在压缩和做功冲程中使燃烧室保持密封，保证内燃机正常工作。

配气机构主要零件如下。

① **驱动组**：配气传动机构，包括凸轮轴和正时齿轮等。配气传动机构总成如图LS1-4所示。

② **气门组**：由气门、气门弹簧、气门导管、弹簧座、锁及气缸盖等组成。气缸盖总成如图LS1-5所示。

③ **气门传动组**：包括挺柱、推杆、摇臂、调整螺钉、摇臂衬套、锁紧螺帽及摆臂座等零件。摆臂座总成如图LS1-6所示。

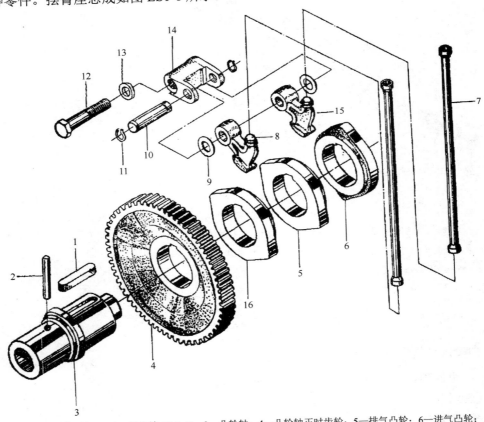

1—普通平键 10×50；2—圆柱销 A8×45；3—凸轮轴；4—凸轮轴正时齿轮；5—排气凸轮；6—进气凸轮；7—推杆；8—摆动臂；9—垫片；10—摆动臂轴；11—轴用挡圈 12；12—螺栓 M12×60；13—弹簧垫圈 12；14—摆动臂支座；15—排气凸轮摆动臂；16—油泵凸轮。

图 LS1-4　配气传动机构总成

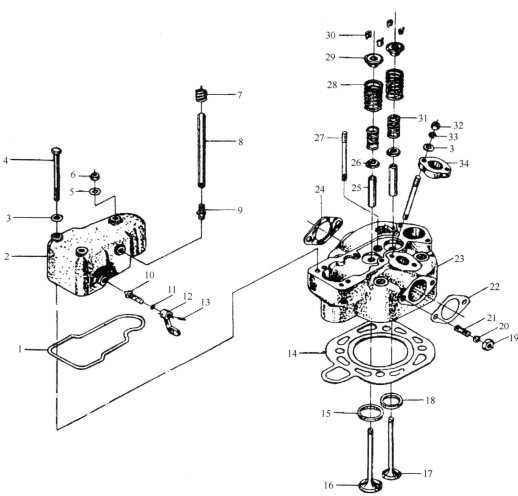

1—摇臂室盖垫片；2—摇臂室盖；3—垫圈 8；4—螺栓 M8×95、M8×105、M8×108、吊环螺柱 M10×110；

5—垫圈 8；6—螺母 M8；7—卡套；8—气管；9—气管接头；10—减压手柄轴；11—密封圈；

12—减压手柄；13—圆柱销 A3×18；14—气缸盖垫片；15—进气门座；16—进气门；

17—排气门；18—排气门座；19—螺母 M10；20—弹簧垫圈 10；

21—螺柱 AM10×20；22—进气管法兰垫片；23—气缸盖；24—排气管法兰垫片；

25—气门导管；26—气门弹簧下座；27—螺柱 AM8×80、AM8×50、AM8×108；

28—气门大弹簧；29—气门弹簧上座；30—气门锁夹；31—气门小弹簧；

32—螺母 M8；33—弹簧垫圈 8；34—喷油嘴压板。

图 LS1-5　气缸盖总成

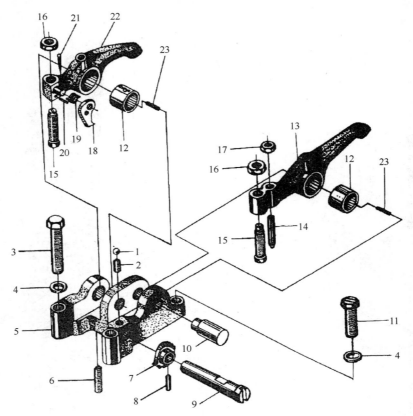

1—钢球 6；2—减压轴定位弹簧；3—螺栓 M8×45、螺栓 M8×53；4—弹簧垫圈 8；

5—摇臂座；6—开槽锥端紧定螺钉 M6×24；7—减压棘轮；8—圆柱销 A3×15；9—减压轴；

10—摇臂轴；11—六角头头部带槽螺栓 M8×28、六角头头部带槽螺栓 M8×36；

12—摇臂衬套；13—排气门摇臂；14—减压调整螺钉；15—调整螺钉；16—锁紧螺母；

17—减压调整螺母；18—减压棘爪；19—减压棘爪弹簧；20—圆柱销 A2×8；

21—开口销 1.6×12；22—进气门摇臂；23—滚针 P2×13.8。

图 LS1-6　摆臂座总成

（3）供给系统。供给系统的功用是清除空气中的杂质，并将其送入气缸；完成燃油的储存、滤清和输送；按柴油机的工作要求，定时、定量、定压地将雾状燃油供入气缸。供给系统由空气滤清器（见图 LS1-7）、燃油箱（见图 LS1-8）、燃油滤清器（如图 LS1-9）、机油泵、燃油管（见图 LS1-10）、喷油泵（见图 LS1-11）和喷油器（见图 LS1-12）等组成。

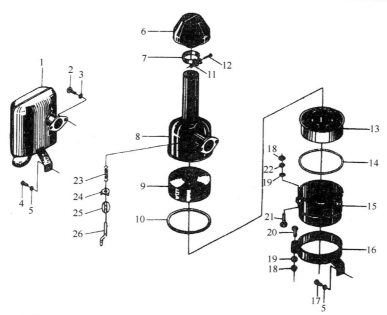

1—消声器总成；2—螺栓 M10×22、螺栓 M10×25；3—弹簧垫圈 10；4—螺栓 M8×l6；5—垫圈 8；6—初滤器总成；
7—卡箍；8—精滤器总成；9—浪形滤网；10—橡胶垫圈；11—螺母 M6；12—半圆头螺钉 M6×25；13—细滤器总成；
14—垫圈；15—储油罐总成；16—支撑架总成；17—螺栓 M8×16；18—螺母 M8；19—垫圈 8；20—螺栓 M8×20；
21—螺栓 M8×55；22—弹簧垫圈 8；23—拉伸弹簧；24—限位架；25—阀门；26—摆轴。

图 LS1-7 空气滤清器总成

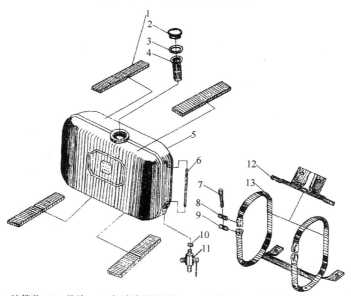

1—防振橡胶板；2—油箱盖；3—垫片；4—加油滤清器部件；5—油箱体；6—透明油面管；7—拉紧螺钉；8—横销；
9—螺销；10—垫圈；11—油开关；12—连接板；13—油箱支承架。

图 LS1-8 燃油箱结构

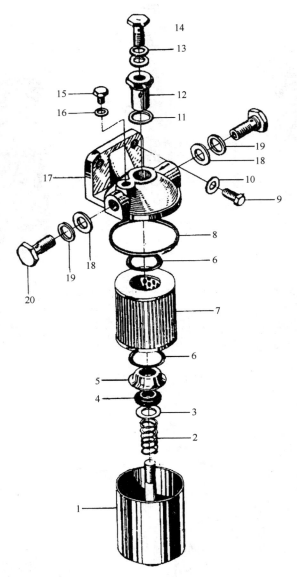

1—壳体部件；2—弹簧；3—垫片；4—橡胶圈；5—弹簧座；6—密封圈；7—滤芯部件；
8—密封圈；9—螺栓 M8×16；10—垫圈8；11—垫片；12—拉杆螺母；
13—组合密封垫圈；14—油管固定螺栓；15—螺塞；16—密封垫圈；17—滤座；
18—组合密封垫圈；19—组合密封垫圈；20—油管固定螺栓。

图 LS1-9　燃油滤清器结构

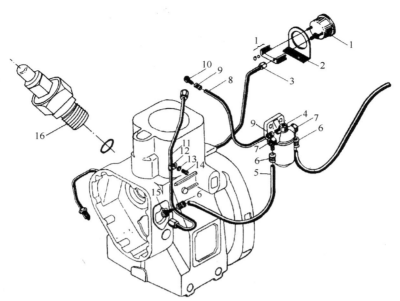

1—YT102-型机油压力表；2—机油表座；3—机油管；4—回油管接头；5—软管；6—低压套筒；7—油管接头；
8—回油管；9—低压套筒；10—回油管接头；11—高压油管；12—油管夹；13—垫圈 8；14—螺栓 M8×12；
15—管接头；16—机油指示器总成。

图 LS1-10　机油泵、燃油管结构

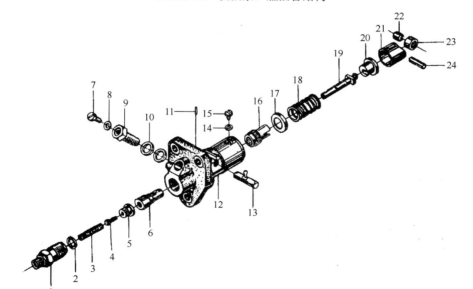

1—出油阀紧座；2—出油阀垫圈部件；3—出油阀弹簧；4—出油阀；5—出油阀座；6—柱塞套；7—放气螺钉；
8—垫圈；9—进油管接螺栓；10—组合密封垫圈；11—圆柱销 D3×10；12—喷油泵体部件；
13—齿杆部件；14—垫圈；15—导向螺钉；16—调节齿轮；17—弹簧上座；18—柱塞弹簧；19—柱塞；
20—弹簧下座；21—推杆体；22—滚轮衬套；23—滚轮；24—滚轮销。

图 LS1-11　喷油泵结构

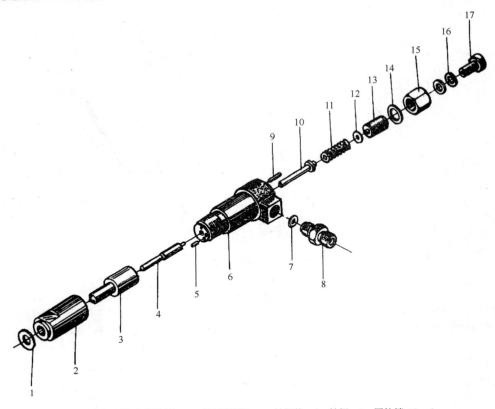

1—喷油器紧帽密封垫圈；2—喷油器紧帽；3—针阀体；4—针阀；5—圆柱销 A3×6；
6—喷油器体；7—垫圈；8—进油管接头；9—圆柱销 A3×14；10—顶杆总成；
11—喷油器调压弹簧；12—垫圈；13—喷油器调压螺钉；14—喷油器调压螺母垫圈；
15—喷油器调压螺母；16—组合密封垫圈；17—回油管接螺钉。

图 LS1-12　喷油器结构

（4）润滑系统。润滑系统的作用是向柴油机各摩擦面间提供清洁的润滑油，以减轻摩擦阻力和零件的磨损；润滑油的循环流动，可带走零件的热量和摩擦所生的磨屑，并且可以冷却和净化摩擦表面；润滑系统还能减轻零件摩擦噪声；缸壁与活塞间的润滑油还能帮助气缸密封。润滑系统由机油集滤器、机油泵、机油压力表（见图 LS1-10）等零件组成。

（5）冷却系统。冷却系统的作用是将柴油机受热零件吸收的部分热量及时散发到大气中，以保证柴油机在最适宜的温度状态下工作，其主要工作部件为散热器。散热器由水箱、气缸盖水套、气缸体水套等零件组成。散热器总成如图 LS1-13 所示。

（6）启动系统。启动系统的作用是依靠外力作用，使发动机由静止状态转入工作状态。启动系统有手摇启动和电启动（见图 LS1-14）两种启动方式。

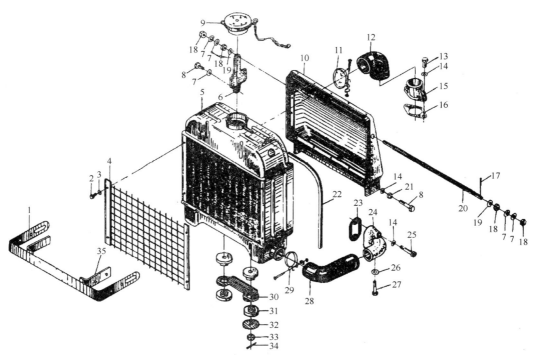

1—水箱卡箍；2—螺栓 M6×10；3—垫圈 6；4—护罩总成；5—散热器；6—支承板；7—垫圈 8；8—螺栓 M8×18；
9—水箱盖总成；10—导风罩；11—管夹；12—上连接胶管；13—螺栓 M8×20；14—垫圈 8；15—出水管；16—出水管垫片；
17—开口销 2×15；18—螺母 M8；19—垫圈 8；20—双头螺栓杆；21—弹簧垫圈 8；22—溢水管；23—水管垫片；
24—左（右）水管；25—螺栓 M8×50；26—螺塞垫片；27—螺栓 M10×12；28—下连接胶管；29—管夹；
30—水箱支承板；31—橡胶垫；32—垫圈；33—1 型六角开槽螺母；34—开口销 2.5×25；35—减振胶垫片。

图 LS1-13 散热器总成

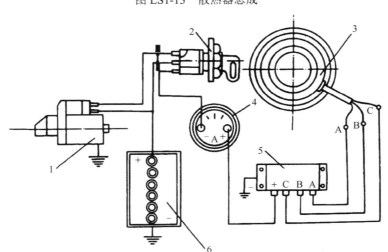

1—启动机；2—电开关；3—永磁三相交流发电机；4—电流表；5—稳压调节器；6—蓄电池。

图 LS1-14 电启动系统

工作任务清单

序号	载　体	工　作　任　务	学时	分　工　建　议
1	德力牌 DLH110 柴油机	任务 1　机械零部件拆装	6	小组分配
2	柴油机零件	任务 2　编写标准件和非标准件明细表	2	小组合作
3	曲轴	任务 3　曲轴的测量及零件草图绘制	6	个人任务
4	活塞连杆部件	任务 4　活塞连杆部件的测量及零件草图绘制	4	小组分配 A 组绘制活塞 B 组绘制连杆
5	活塞连杆部件	任务 5　活塞连杆总成装配图绘制	10	个人任务

注：以上小组分配任务为组内分 A、B 小组，合作完成整套柴油机的测绘工作任务。

任务 1　机械零部件拆装

表 LS1-Nr.1.1　机械零件拆装记录表

组别		姓名		规则员评分		教师评分	
				签　名		签　名	

柴油机参数记录							
项　目		数值	说　明	项　目		数值	说　明
铭牌				外观尺寸	总长		
					总宽		
					总高		

曲轴配合关系记录表				
项　目		配合松紧程度	配合要求	配合尺寸测量值	配合尺寸调整值
		（　）松/（　）紧			
		（　）松/（　）紧			
		（　）松/（　）紧			
		（　）松/（　）紧			
		（　）松/（　）紧			

柴油机（　　　　）总成拆装步骤记录				
步骤	内　容	工　具	操 作 方 法	注 意 事 项
1				
2				
3				
4				
5				
6				
7				
8				
9				
10				
11				
12				

说明：在拆卸过程中判断并记录以上表格，表格不够可添加。

表 LS1-Nr.1.2　活塞连杆总成装配示意图

组别		姓名		规则员评分		教师评分	
				签　　名		签　　名	

说明：参考所给示例，绘制活塞连杆总成的装配示意图。

操作指南：

1．注意例图与实物的区别，参考示例图 LS1-15，绘制符合实物的装配示意图。

2．结构示意图的序号必须与标准件、非标准件明细表一致，以方便绘制装配图时参考使用。

3．若实物零件丢失，应补充完整。

4．请在空白处徒手或用尺规绘制装配示意图。

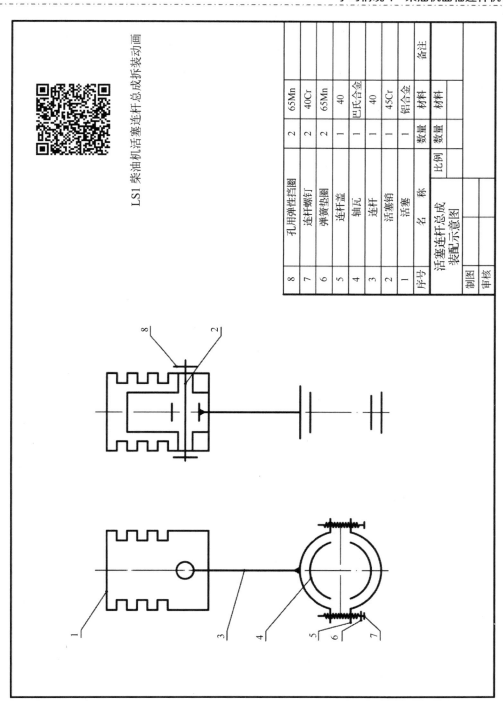

LS1 柴油机活塞连杆总成拆装动画

8	孔用弹性挡圈		2	65Mn	
7	连杆螺钉		2	40Cr	
6	弹簧垫圈		2	65Mn	
5	连杆盖		1	40	
4	轴瓦		1	巴氏合金	
3	连杆		1	40	
2	活塞销		1	45Cr	
1	活塞		1	铝合金	
序号	名　称	比例	数量	材料	备注
活塞连杆总成 装配示意图			数量	材料	
制图					
审核					

图 LS1-15　活塞连杆总成装配示意图示例

81

任务 2 编写标准件和非标准件明细表

表 LS1-Nr.2 标准件和非标准件明细表

组别		姓名		规则员评分		教师评分	
				签　名		签　名	

说明：测量判断标记标准件、非标准件，列出明细表。

操作指南：

1. 根据标准件的测量示例，测量并填写标准件明细表，国标代号在对应的国家标准中查找。

2. 非标准件请参考柴油机各总成示意图填写名称。

（　　　）总成非标准件明细表				
序　号	名　称	备注 （材料、规格）	数　量	图样代号
示例	曲轴	QT600-3	1	7
1				
2				
3				
4				
5				
6				
7				
8				
9				
10				
11				
12				
13				
14				
15				
16				
17				
18				

序　号	名　　称	备注（材料、规格）	数　　量	图样代号
示例	螺栓	GB/T 5780—2016 M10 × 75	6	22
1				
2				
3				
4				
5				
6				
7				
8				
9				
10				
11				
12				
13				
14				
15				
16				
17				
18				
19				
20				
21				
22				
23				
24				

（　　　）总成标准件明细表

任务 3　曲轴的测量及零件草图绘制

表 LS1-Nr.3　曲轴的测量及零件草图绘制

组别		姓名		规则员评分		教师评分	
				签　名		签　名	

说明：参考所给示例，测量绘制曲轴零件草图。

操作指南：

1. 根据参考示例图 LS1-16、结合实物，在空白处确定表达方案，然后根据表达方案在草图纸中布局绘制草图。

2. 测量零件尺寸：与轴承配合的轴段尺寸、键槽尺寸、中心孔尺寸等需查阅参考资料选取标准值。

3. 根据测量值绘制零件草图并标注，标题栏使用"简易"标题栏即可。

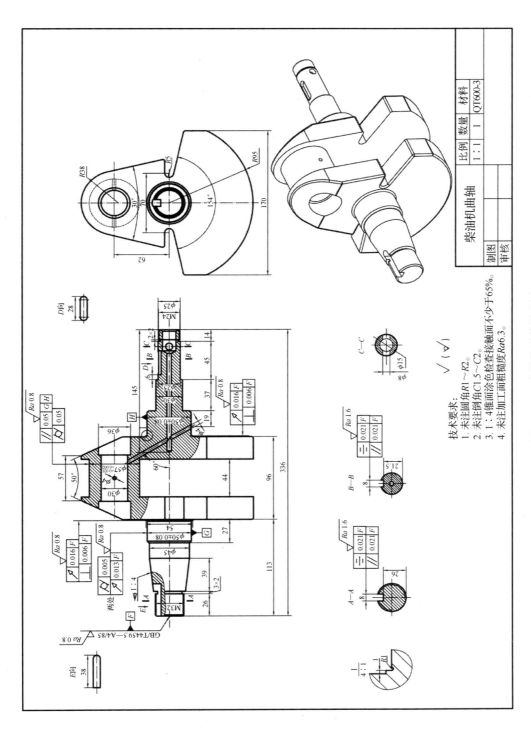

技术要求：
1. 未注圆角R1～R2。
2. 未注倒角C1.5～C2。
3. 1：4锥面涂色检查接触面不少于65%。
4. 未注加工面粗糙度Ra6.3。

图 LS1-16　曲轴的零件图示例

任务 4　活塞连杆部件的测量及
零件草图绘制

表 LS1-Nr.4　活塞连杆部件的测量及零件草图绘制

组别		姓名		规则员评分		教师评分	
				签　名		签　名	

说明：参考所给示例，测量绘制活塞连杆部件零件草图。

操作指南：

1．根据参考示例图 LS1-17～图 LS1-19、结合实物，在空白处确定表达方案，然后根据表达方案在草图纸中布局绘制草图。

2．测量零件记录尺寸，测量尺寸时注意标准结构需查阅参考资料选取标准值。

3．根据测量值绘制零件草图并标注，标题栏使用"简易"标题栏即可。

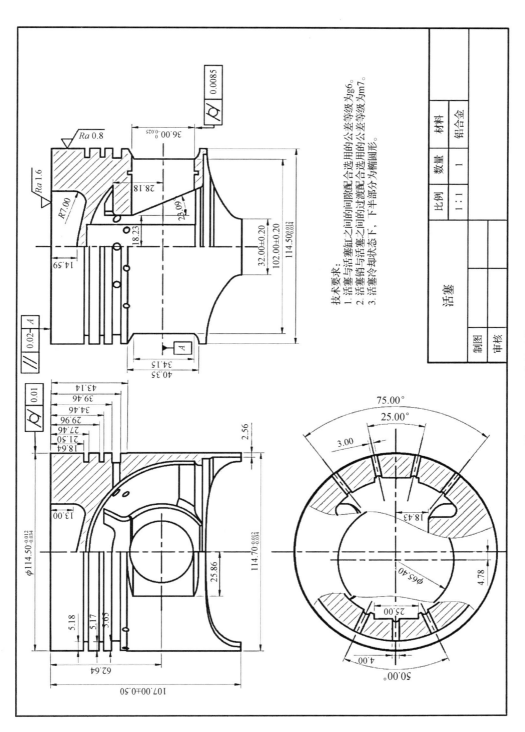

技术要求：
1. 活塞与活塞缸之间的间隙配合选用的公差等级为g6。
2. 活塞销与活塞之间的过渡配合选用的公差等级为m7。
3. 活塞冷却状态下，下半部分为椭圆形。

材料	铝合金
数量	1
比例	1：1

活塞

| 制图 | |
| 审核 | |

图 LS1-17　活塞的零件图示例

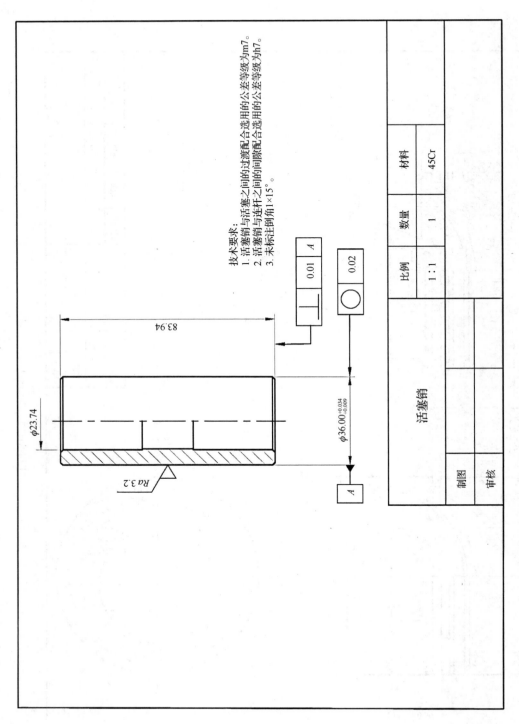

技术要求:
1. 活塞销与活塞之间的过渡配合选用的公差等级为m7。
2. 活塞销与连杆之间的间隙配合选用的公差等级为h7。
3. 未标注倒角1×15°。

| ⊥ | 0.01 | A |

| ○ | 0.02 |

φ23.74

83.94

$\phi36.00^{+0.034}_{+0.009}$

Ra3.2

A

比例	数量	材料
1:1	1	45Cr

活塞销		
制图		
审核		

图 LS1-18 活塞销的零件图示例

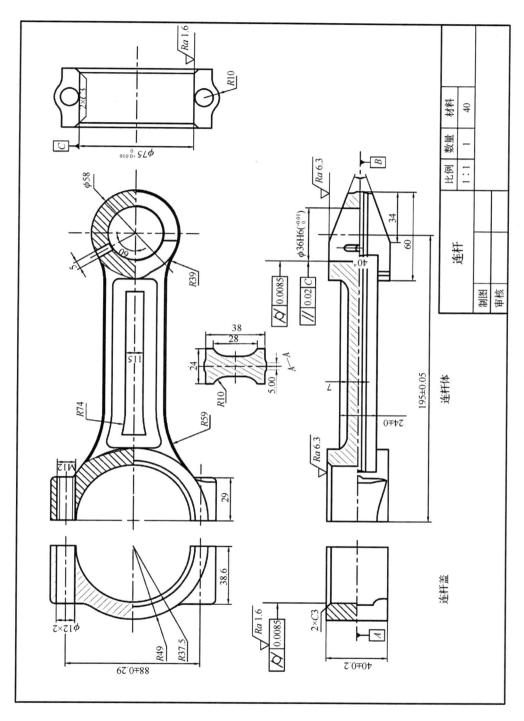

图 LS1-19　连杆的零件图示例

任务 5 活塞连杆总成装配图绘制

表 LS1-Nr.5 活塞连杆总成装配工程图绘制

组别		姓名		规则员评分		教师评分	
				签　名		签　名	

说明：零件草图完成后，根据装配示意图和零件草图绘制装配图。在绘制装配图的过程中，对草图中存在的零件形状和尺寸的不当之处做必要的修正。

操作指南：

1．根据参考示例图 LS1-20、结合实物，选取合适的表达方案。

2．选取合适的比例，在 A2 图纸上用尺规绘制活塞连杆总成装配工程图。

3．标准件绘制应采用标准画法。

4．图线、标注、注释等应符合国家标准规定。

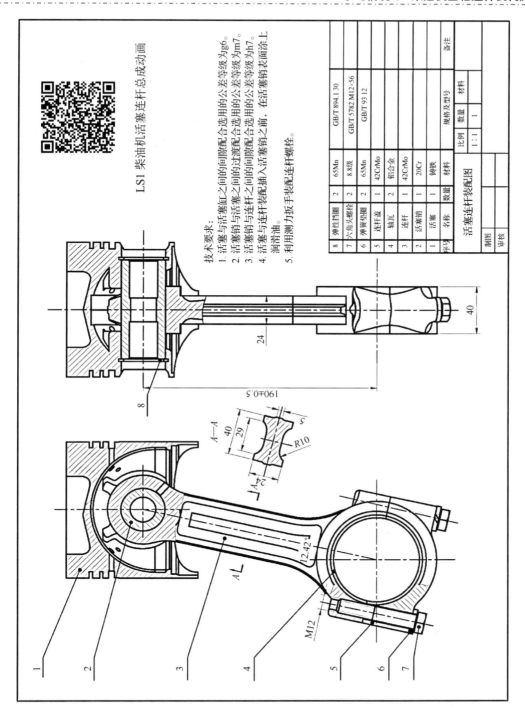

图 LS1-20　活塞连杆装配图示例

学习情境 2

轴向柱塞泵的测绘

学习目标

（1）了解轴向柱塞泵的构造、工作原理、装配关系。

（2）掌握机械产品正确的拆装方法，熟悉常用工具的使用方法。

（3）熟悉、掌握常用测量器具的使用方法。

（4）掌握装配体零部件的测量方法。

（5）能正确应用所学知识完成规定的零件、组件的测绘工作，正确标注尺寸、精度、粗糙度等。

（6）能绘制装配工程图。

建议学时

28 学时（一周）

部件概述

1. 轴向柱塞泵的工作原理

轴向柱塞泵（Piston Pump）是活塞或柱塞的往复运动方向与缸体中心轴平行的柱塞泵。宏达牌 MCY14-1B 轴向柱塞泵如图 LS2-1 所示。轴向柱塞泵利用与传动轴（包括轴管、伸缩套和万向节）平行的柱塞在柱塞孔内往复运动所产生的容积变化来进行工作。由于柱塞和柱塞孔都是圆形零件，加工时可以达到很高的精度（精确度）配合，因此容积效率高。直轴斜盘式柱塞泵分为压力供油型和自吸油型两种。柱塞泵具有额定压力高、结构紧凑、效率高和流量调节方便等优点，被广泛应用于高压、大流量和流量需要调节的场合，如液压机、工程机械和船舶中。

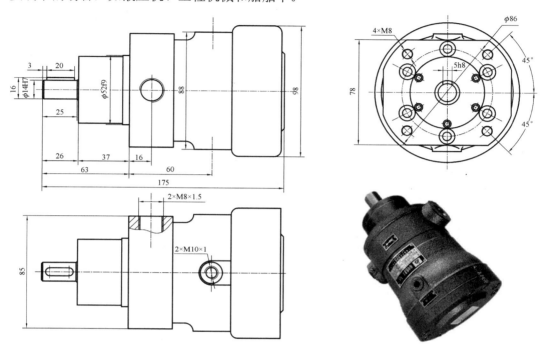

图 LS2-1　宏达牌 MCY14-1B 轴向柱塞泵

柱塞泵依靠柱塞在缸体中往复运动，使密封工作容腔的容积发生变化来实现吸油、压油，是往复泵的一种，属于体积泵。其柱塞靠泵轴的偏心转动驱动往复运动，其吸进阀和排出阀都是单向阀。当柱塞外拉时，工作室内压力降低，出口阀关闭，低于进口压力时，进口阀打开，液体进入；柱塞内推时，工作室压力升高，进口阀关闭，高于出口压力时，出口阀打开，液体排出。当传动轴带动缸体旋转时，斜盘将柱塞从缸体中拉出或推回，完成吸排油过程。柱塞与缸孔组成的工作容腔中的油液通过配油盘分别与泵的吸、排油腔相通。MCY14-1B 轴向柱塞泵液压原理图如图 LS2-2 所示。

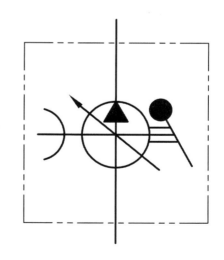

图 LS2-2　MCY14-1B 轴向柱塞泵液压原理图

2．轴向柱塞泵的结构组成

轴向柱塞泵一般由缸体、配流盘、柱塞和斜盘等主要零件组成。

主体部分（见图 LS2-3）由传动轴带动缸体旋转，使均匀分布在缸体上的七个柱塞绕传动轴中心线转动，通过中心弹簧将柱滑组件中的滑靴压在变量头（或斜盘）上。这样，柱塞随着缸体的旋转而做往复运动，完成吸油和压油动作。

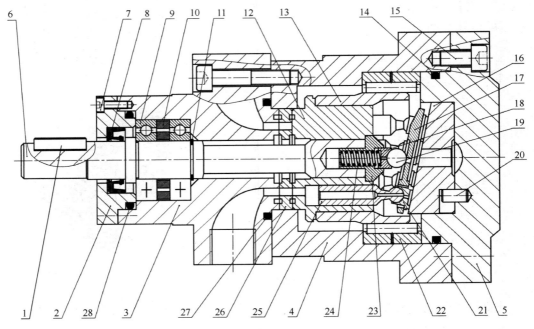

1—键；2—法兰盘；3—前泵体；4—中间泵体；5—泵盖；6—传动轴；7—螺栓 M3×10；
8—唇形密封圈；9—轴承 16002；10—挡圈；11—轴套；12—配流盘；13—缸体；14—O 形密封圈；
15—螺钉 M6×12；16—斜盘；17—回程盘；18—连接套；19—钢球；20—销 5×10；21—滑靴；
22—滚针轴承 RNA4909；23—弹簧套；24—定心弹簧；25—柱塞；26—薄配流盘；
27—O 形密封圈；28—O 形密封圈。

图 LS2-3　MCY14-1B 轴向柱塞泵主要结构图

手动变量泵靠外力转动调节手轮，旋转调节螺杆，带动变量活塞沿轴向移动，同时带动变量头绕中心转动，改变倾斜角，达到变量目的。当达到所需流量时可使锁紧螺母紧固。调节手轮顺时针转动时，流量减小。调节手轮逆时针转动时，流量增加。其百分值可粗略地从刻度盘上读出。工作时改变流量须卸荷操作。

　　油泵的旋转方向应与泵的标牌所示方向一致，按检修方便、变量壳体容易拆下和便于取出泵内零件的方案安装。该类型柱塞泵采用静承结构，因此必须严格防止油的污染，如果油箱设计的密封性不好，会导致滤油器经常阻塞，并严重影响泵的使用寿命。在开式油路中，油箱的有效容积应大于系统中所有泵每分钟流量的三倍，在闭式油路中也可参照上述原则设计。对于有蓄能器的系统，油箱应考虑能容纳蓄能器的回油量。另外油箱容量还应考虑系统的发热，如有可能，油箱容量可适当加大。油箱设计应设有中间隔板，吸油管和系统的回油管用隔板分开，隔板上需装有铜丝过滤网。所有回油管都必须先经过滤油器再回油箱。

　　柱塞头部圆柱面上切有斜槽，并通过径向孔、轴向孔与顶部相通，其目的是改变循环供油量；柱塞套上制有进、回油孔，均与泵上体内低压油腔相通，柱塞套装入泵上体后，应用定位螺钉定位。柱塞头部斜槽的位置不同，改变供油量的方法也不同。出油阀和出油阀座是一对精密偶件，配对研磨后不能互换，其配合间隙为 0.01mm。出油阀是一个单向阀，在弹簧压力作用下，阀上部圆锥面与阀座严密配合，其作用是在停供时，将高压油管与柱塞上端空腔隔绝，防止高压油管内的油倒流入喷油泵内。出油阀的下部呈十字断面，既能导向，又能通过柴油。出油阀的锥面下有一个小的圆柱面，称为减压环带，其作用是在供油终了时，使高压油管内的油压迅速下降，避免喷孔处产生滴油现象。环带落入阀座内会使上方容积很快增大，压力迅速减小，停喷迅速。

　　柱塞泵可以分为单柱塞泵、卧式柱塞泵、轴向柱塞泵和径向柱塞泵。不同种类的柱塞泵有不同的功能。

　　无堵塞柱塞泵缸体装铜套的方法：缸体加温热装或铜套低温冷冻挤压，过盈装配。采用乐泰胶黏着装配，要求铜外套外径表面有沟槽。缸孔攻丝，铜套外径加工螺纹，涂乐泰胶后，旋入装配。熔烧结合方式的缸体与铜套，采用研磨棒、手工或机械方法研磨修复缸孔。采用坐标镗床，重新镗缸体孔。

　　可采用的制造工艺如下。

　　电镀技术：在柱塞表面镀一层硬铬。

　　电刷镀技术：在柱塞表面刷镀耐磨材料。

　　热喷涂或电弧喷涂或电喷涂：喷涂高碳马氏体耐磨材料。

　　激光熔敷：在柱塞表面熔敷高硬度耐磨合金粉末；缸体孔无铜套的缸体材料大都是球墨铸铁，在缸体内壁上熔敷一层非晶态薄膜或涂层，以增强缸体孔内壁的耐磨性。

工作任务清单

序号	载　体	工　作　任　务	学时	分　工　建　议
1	轴向柱塞泵	任务 1　机械零部件拆装	1	小组合作
2	轴向柱塞泵零件	任务 2　编写标准件和非标准件明细表	1	小组合作
3	传动轴	任务 3　轴的测量及零件草图绘制	2	个人任务
4	法兰盘、泵盖	任务 4　盘盖零件测量及零件草图绘制	2	小组分配 A 组绘制法兰盘 B 组绘制泵盖
5	前泵体、 中间泵体	任务 5　箱体零件测量及草图绘制	4	小组分配 A 组绘制前泵体 B 组绘制中间泵体
6	挡圈 轴套 缸体 斜盘 回程盘 连接套 滑靴 弹簧套 柱塞 配流盘 薄配流盘	任务 6　其他零件测量及草图绘制	4	小组平均分配 A 组、B 组合作完成 1 套零件
7	轴向柱塞泵	任务 7　轴向柱塞泵装配工程图绘制	12	个人任务
8	传动轴	任务 8　绘制传动轴零件工作图	2	个人任务

注：以上小组分配任务为组内分 A、B 小组，合作完成整套轴向柱塞泵的测绘工作任务。

任务 1　机械零部件拆装

表 LS2-Nr.1.1　机械零件拆装记录表

组别		姓名		规则员评分		教师评分	
				签　名		签　名	
轴向柱塞泵参数记录							
项　目		数　值	说　明	项　目	数　值		说　明
铭牌	型号规格		------------------	外观尺寸	总长		--------------------
	公称排量		------------------		总宽		轴展尺寸
	额定压力		------------------		总高		最高点到底面
	额定转速		------------------				
	管道规格		进出油管等				
零件配合关系记录表							
项　目		配合松紧程度		配合要求	配合尺寸测量值		配合尺寸调整值
轴承与轴颈配合		（　）松/（　）紧					
缸体与配流盘配合		（　）松/（　）紧					
弹簧套与轴孔配合		（　）松/（　）紧					
柱塞与配流盘孔配合		（　）松/（　）紧					
泵盖与轴承孔配合		（　）松/（　）紧					
轴向柱塞泵拆装步骤记录							
步骤	内　容		工　具	操　作　方　法			注　意　事　项
1	观察记录轴向柱塞泵基本信息		测量工具等	观察记录外表及零件的形状、结构和装配关系			轴端伸出方向和铭牌信息
2	拆除轴伸出段键		铜棒、铁锤	铜棒抵住键端，铁锤敲击将键拆下			铁锤不能直接敲击零件
3							
4							
5							
6							
7							
8							
9							
10							
11							
12							

说明：在拆卸过程中判断并记录以上表格，表格不够可添加。

表 LS2-Nr.1.2　轴向柱塞泵装配示意图

组别		姓名		规则员评分		教师评分	
				签　名		签　名	

说明：参考所给示例，绘制轴向柱塞泵的装配示意图。

操作指南：

1．注意示例图 LS2-4 与实物的区别，参考示例图、结合实物，绘制符合实物的装配示意图。

2．装配示意图的序号必须与标准件、非标准件明细表一致，以方便绘制装配图时参考使用。

3．注意实物有些零件已经丢失（如石棉垫圈、弹簧垫圈、O 形密封圈），须补充完整。

4．请在空白处徒手或用尺规绘制装配示意图。

序号	名称	数量	材料	备注
29	螺栓M6×30	4		GB/T 70.1—2008
28	O形密封圈33.5×2.65	1	橡胶	GB 3452.1—2005
27	O形密封圈42.5×2.65	1	橡胶	GB 3452.1—2005
26	薄配流盘	1	20Cr	
25	柱塞	7	38CrMoAl	
24	定心弹簧	1	45	
23	弹簧套	1	45	GB/T 285—2013
22	滚针轴承RNA4909	1		
21	滑靴	7	45	
20	销5×10	1		GB/T 119.1—2000
19	钢球	1	45	
18	连接套	1	40Cr	
17	回程盘	1	20Cr	
16	斜盘	1		
15	螺钉M6×12	8		GB/T 70.1—2008
14	O形密封圈63×2.65	1	橡胶	GB 3452.1—2005
13	缸体	1	GCr15	
12	配流盘	1	ZCuSn5Pb5Zn5	
11	轴套	1	45	
10	挡圈	1	45	
9	轴承16002	2		GB/T 276—2013
8	唇形密封圈	1		GB/T 13871.1—2007
7	螺钉M3×10	1		GB/T 70.1—2008
6	传动轴	1	45	
5	后泵体	1	HT200	
4	中间泵体	1	HT200	
3	泵盖	1	HT200	
2	法兰盘	1	HT200	
1	键5×20	1		GB 1096—2003
序号	名称	数量	材料	备注

轴向柱塞泵　　比例　　数量 1　材料

制图
审核

LS2 轴向柱塞泵拆装动画

图 LS2-4　轴向柱塞泵的装配示意图

任务2　编写标准件和非标准件明细表

表 LS2-Nr.2　标准件和非标准件明细表

组别		姓名		规则员评分		教师评分	
				签　名		签　名	

说明：测量判断标记标准件、非标准件，列出明细表。

操作指南：

1．根据标准件的测量示例，测量并填写标准件明细表，国标代号在对应的国家标准中查找。

2．非标准件请参考柱塞泵零件清单填写名称，材料参考"任务7轴向柱塞泵装配工程图绘制"。

非标准件明细表				
序　号	名　称	备注 （材料、规格）	数　量	图样代号
示例	螺杆	45	1	2
1				
2				
3				
4				
5				
6				
7				
8				
9				
10				
11				
12				
13				
14				
15				
16				
17				

序　号	名　　称	备注 （材料、规格）	数　量	图 样 代 号
		标准件明细表		
示例	螺栓	GB/T 5780—2016 M10 × 45	2	10
1				
2				
3				
4				
5				
6				
7				
8				
9				
10				
11				
12				
13				
14				
15				
16				
17				
18				
19				
20				
21				
22				
23				
24				

任务 3　轴的测量及零件草图绘制

表 LS2-Nr.3　轴的测量及零件草图绘制

组别		姓名		规则员评分		教师评分	
				签　名		签　名	

说明：参考所给示例，测量绘制轴零件草图。

操作指南：

1. 根据示例图 LS2-5、结合实物，在空白处确定表达方案，然后根据表达方案在草图纸中布局绘制草图。

2. 测量零件尺寸：与轴承配合的轴段尺寸、键槽尺寸、中心孔尺寸等需查阅参考资料选取标准值。

3. 根据测量值绘制零件草图并标注，标题栏使用"简易"标题栏即可。

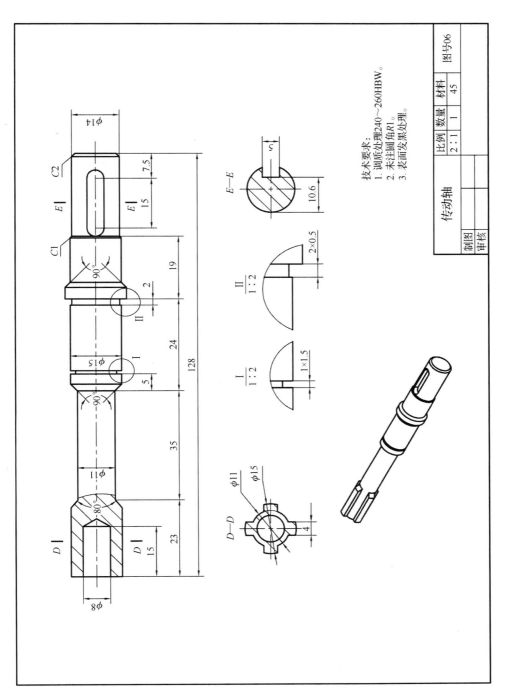

图 LS2-5　传动轴的零件草图示例

任务 4　盘盖类零件测量及零件草图绘制

表 LS2-Nr.4　泵盖、法兰盘的测量及零件草图绘制

组别		姓名		规则员评分		教师评分	
				签　名		签　名	

说明：参考所给示例，测量绘制泵盖、法兰盘零件草图。

操作指南：

1. 根据示例图 LS2-6、结合实物，在空白处确定表达方案，然后根据表达方案在草图纸中布局绘制草图。

2. 测量零件尺寸：注意密封圈尺寸、销孔尺寸、螺钉沉孔尺寸等需查阅参考资料选取标准值。

3. 根据测量值绘制零件草图并标注，标题栏使用"简易"标题栏即可。

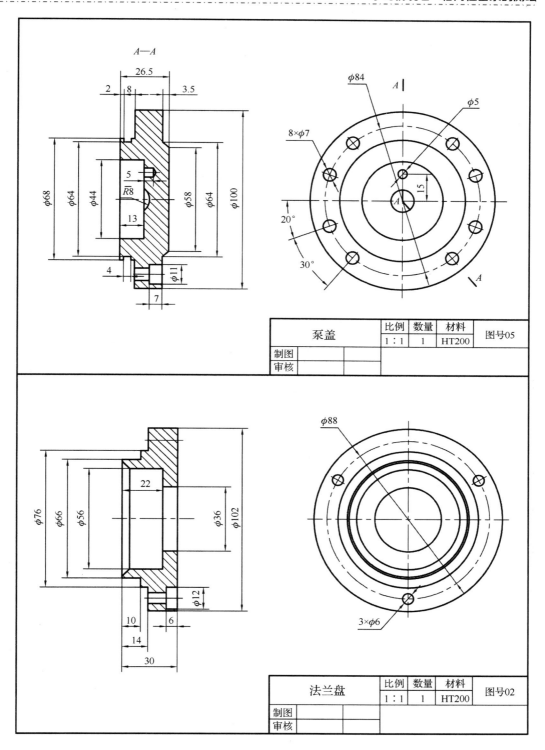

图 LS2-6 　泵盖、法兰盘的零件草图示例

任务 5　箱体零件测量及草图绘制

表 LS2-Nr.5　绘制前泵体、中间泵体的零件草图

组别		姓名		规则员评分		教师评分	
				签　名		签名	

说明：参考所给示例，测量绘制前泵体、中间泵体零件草图。

操作指南：

1. 根据示例图 LS2-7 和图 LS2-8、结合实物，选取合适的表达方案。

2. 前泵体、中间泵体的小圆角使用半径规测量。

3. 前泵体、中间泵体与法兰盘、泵盖连接螺钉孔的定位尺寸，可参考法兰盘、泵盖螺钉通孔的定位尺寸得出。

4. 螺钉盲孔深度，参考螺钉测量值，结合标准确定旋入端 b_m 值是否合适（b_m 值参考标准：钢 = d；铸铁 = 1.25～1.5d；铝 = 2d）。

5. 铸造件表面有些尺寸不规则、有缺陷，结合标准进行估算确定。

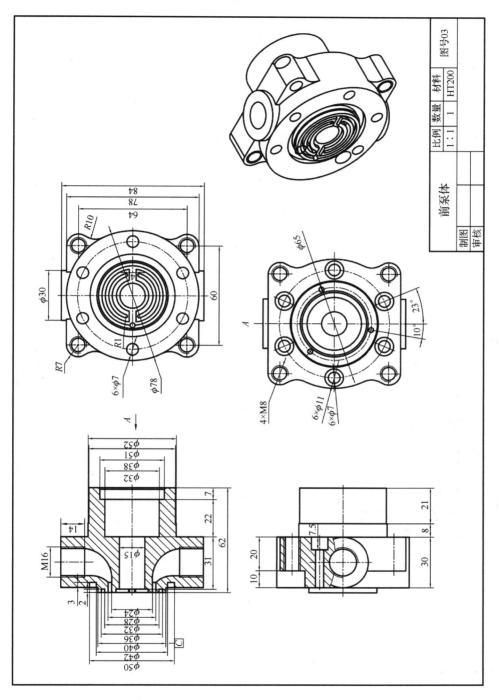

图 LS2-7　前泵体的零件草图示例

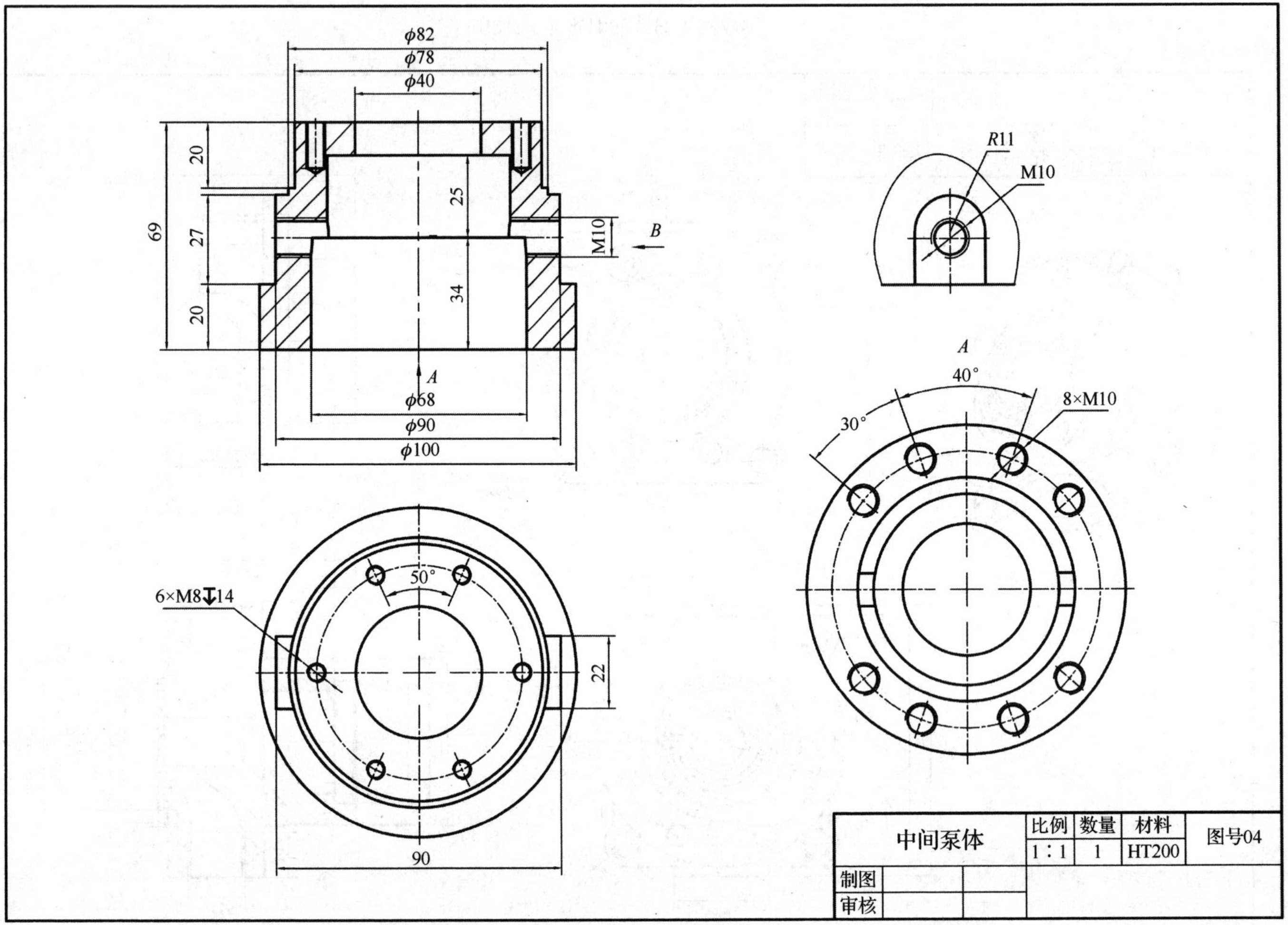

图 LS2-8　中间泵体的零件草图示例

比例	数量	材料	图号04
1:1	1	HT200	

中间泵体

制图
审核

任务 6　其他零件测量及草图绘制

表 LS2-Nr.6　其他零件测量及草图绘制

组别		姓名		规则员评分		教师评分	
				签　名		签　名	

说明：参考所给示例，测量绘制其他零件草图。

操作指南：

1．根据示例图 LS2-9～LS2-14、结合实物，在空白处确定表达方案，然后根据表达方案在草图纸中布局绘制草图。

2．盘盖类零件为回转结构，宜采用非圆全剖视图表达，不需绘制圆形视图（详见参考示例）。

3．法兰盘装配唇形密封圈的位置、尺寸应结合实际测量深度，再查阅唇形密封圈标准后确定直径。

4．细小倒角、圆角，可估算后取标准值。

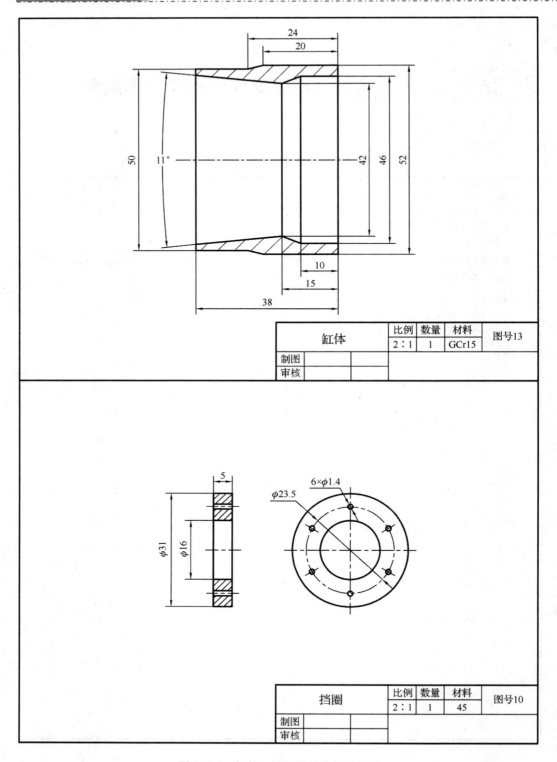

缸体	比例	数量	材料	图号13
	2∶1	1	GCr15	
制图				
审核				

挡圈	比例	数量	材料	图号10
	2∶1	1	45	
制图				
审核				

图 LS2-9　缸体、挡圈的零件草图示例

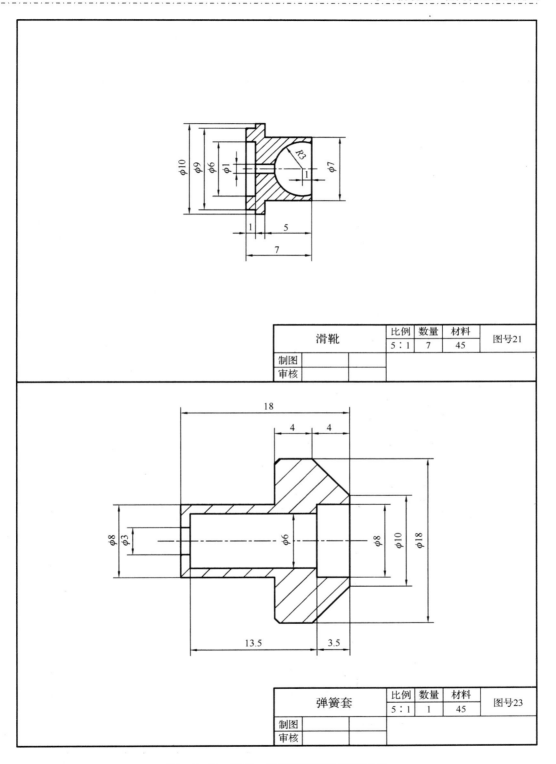

滑靴	比例	数量	材料	图号21
	5 : 1	7	45	
制图				
审核				

弹簧套	比例	数量	材料	图号23
	5 : 1	1	45	
制图				
审核				

图 LS2-10　滑靴、弹簧套的零件草图示例

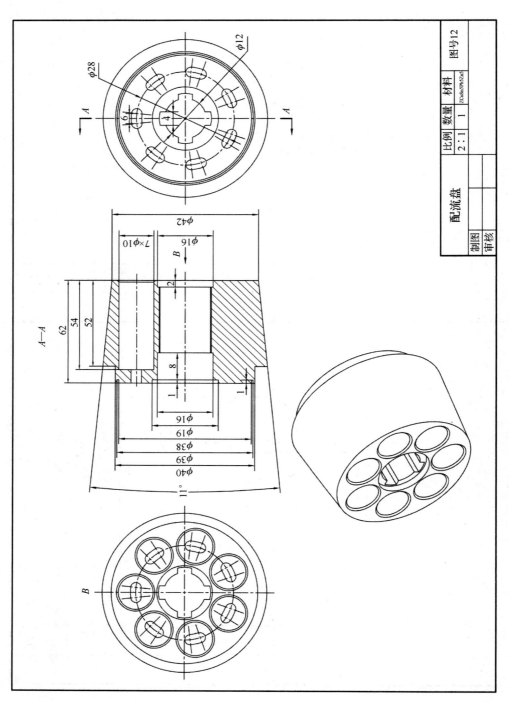

图 LS2-11 配流盘的零件草图示例

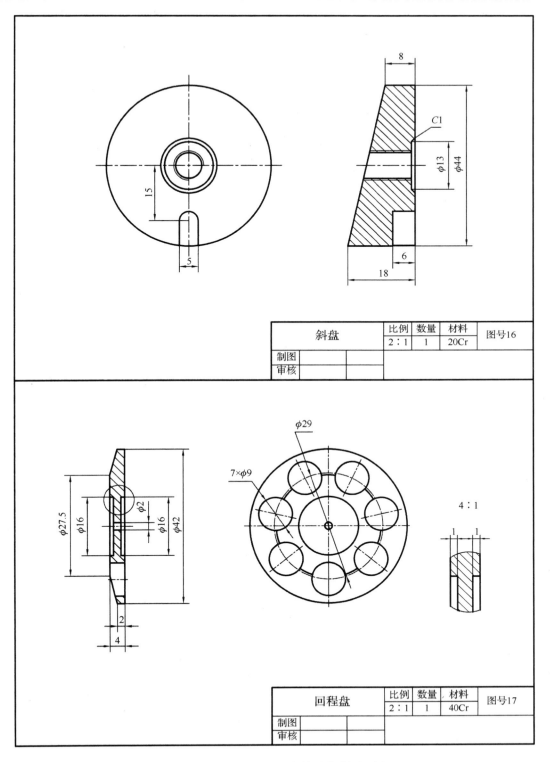

斜盘	比例	数量	材料	图号16
	2：1	1	20Cr	
制图				
审核				

回程盘	比例	数量	材料	图号17
	2：1	1	40Cr	
制图				
审核				

图 LS2-12　斜盘、回程盘的零件草图示例

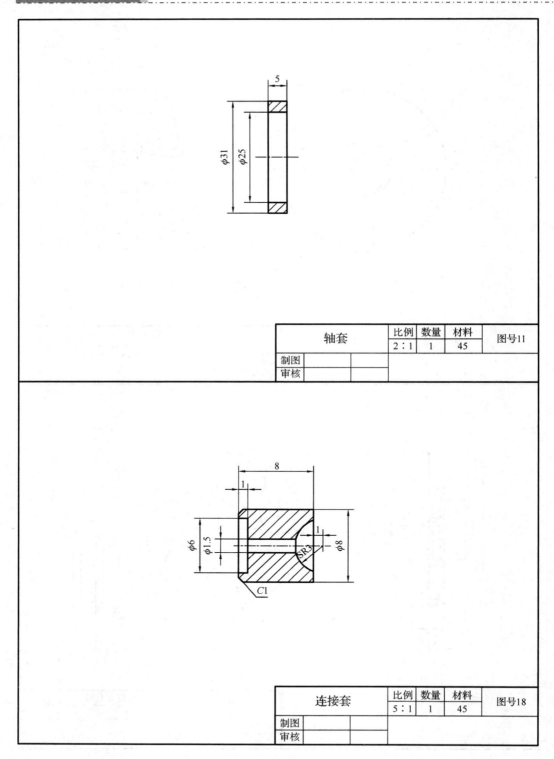

轴套	比例	数量	材料	图号11
	2 : 1	1	45	
制图				
审核				

连接套	比例	数量	材料	图号18
	5 : 1	1	45	
制图				
审核				

图 LS2-13　轴套、连接套的零件草图示例

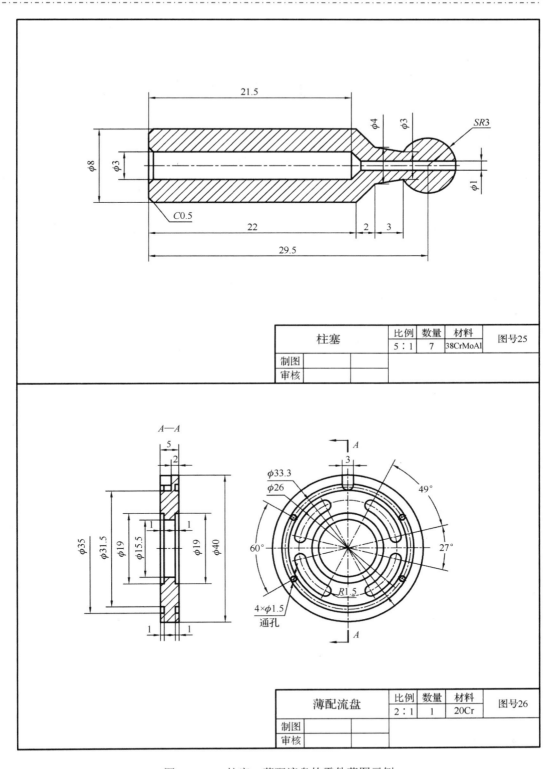

图 LS2-14　柱塞、薄配流盘的零件草图示例

任务 7　轴向柱塞泵装配工程图绘制

表 LS2-Nr.7　轴向柱塞泵装配工程图绘制

组别		姓名		规则员评分		教师评分	
				签　名		签　名	

说明：零件草图完成后，根据装配示意图和零件草图绘制装配图。在绘制装配图的过程中，对草图中存在的零件形状和尺寸的不当之处做必要的修正。

操作指南：

1．根据示例图 LS2-15、结合实物，选取合适的表达方案。

2．选取合适的比例，在适当大小的图纸上绘制轴向柱塞泵装配工程图。

3．标准件绘制应采用标准画法。

4．图线、标注、注释等应符合国家标准规定。

LS2 轴向柱塞泵
拆装动画

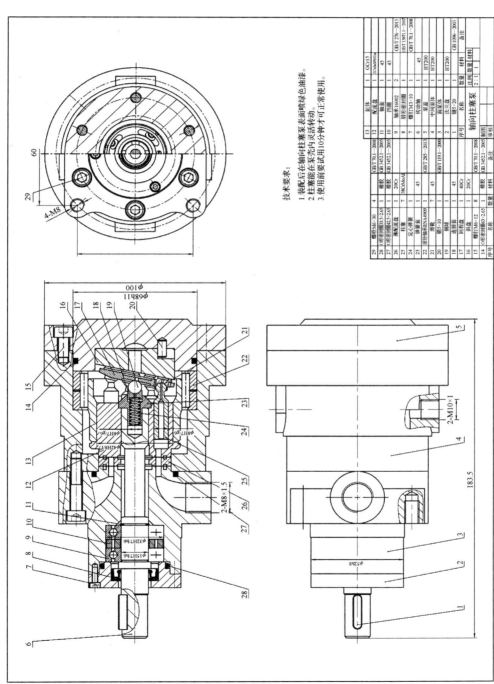

图 LS2-15 轴向柱塞泵装配工程图图示例

任务 8   绘制传动轴零件工作图

表 LS2-Nr.8   绘制传动轴零件工作图

组别		姓名		规则员评分		教师评分	
				签　名		签　名	

说明：绘制装配图的过程，也是进一步校对零件草图的过程，而绘制零件工作图则是在零件草图经过绘制装配图进一步校核后进行的。从零件草图到零件工作图不是简单的重复照抄，应再次检查、及时订正，并按装配图中选定的极限与配合要求，在零件工作图上注写尺寸公差数值，标注几何公差代号和表面粗糙度的符号。参考所给示例，绘制、标注传动轴的零件工作图。

操作指南：

1．根据示例图 LS2-16、结合实物，在 A4 图幅上合理布局，绘制传动轴的零件工作图。

2．根据传动轴的零件草图和装配图，绘制低速轴的零件工作图并标注。

3．完整标注表面粗糙度、几何公差、公差等技术要求。

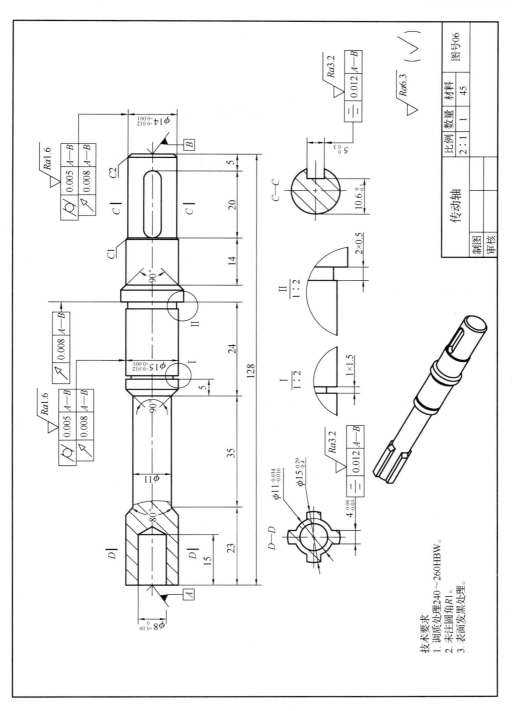

图 LS2-16　传动轴零件工作图示例

学习情境 3

机用平口虎钳的测绘

学习目标

（1）了解机用平口虎钳的构造、工作原理、装配关系。

（2）掌握机械产品正确的拆装方法，熟悉常用工具的使用方法。

（3）熟悉、掌握常用测量器具的使用方法。

（4）掌握装配体零部件的测量方法。

（5）能正确应用所学知识完成规定的零件、组件的测绘工作，正确标注尺寸、精度、粗糙度等。

（6）能绘制装配工程图。

建议学时

28 学时（一周）

部件概述

1．平口虎钳的工作原理

机用平口虎钳，又叫平口虎钳，是将工件固定夹持在机床工作台上进行切削加工的一种机床附件，是刨床、铣床、钻床、磨床、插床的主要夹具，广泛用于铣床、钻床等进行各种平面、沟槽、角度等加工。

机用平口虎钳工作原理：用扳手转动丝杠，通过丝杠螺母带动活动钳身移动，夹紧或松开工件。

装配使用范围：中型铣床、钻床及平面磨床等机械设备。

机用平口虎钳主体结构是固定钳身、活动钳身等铸铁构件，由可拆卸的螺纹连接和销连接组装而成；活动钳身的直线运动是由螺旋运动转变的；工作表面是螺旋副、导轨副及间隙配合的轴和孔的摩擦面。

机用平口虎钳特点：设计结构简练紧凑，夹紧力度强，易于操作使用。内螺母一般采用较强的金属材料，使夹持力保持更大，一般都会带有底盘，底盘带有180°刻度线，可以360°平面旋转。

2．机用平口虎钳的结构组成

机用平口虎钳是用来夹持工件的通用夹具，常用的有固定式和回转式两种。回转式机用平口虎钳的结构如图 LS3-1 所示。

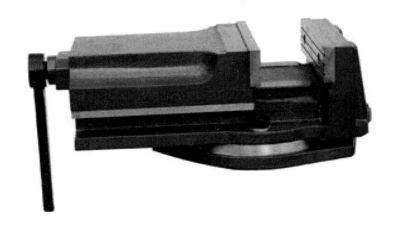

图 LS3-1　回转式机用平口虎钳的结构

机用平口虎钳结构组成如图 LS3-2 所示。活动钳身通过滑板与固定钳身的导轨作滑动配合。螺杆装在活动钳身上，由螺杆支座支承并可以旋转，但不能轴向移动，螺杆与安装在固定钳身内的螺母配合。摇动手柄使螺杆旋转，可以带动活动钳身相对于固定钳身做轴向移动，起夹紧或放松的作用。在固定钳身和活动钳身上，各装有钢制钳口板，并用螺钉 M6 × 20 固定。钳口板经过热处理淬硬，具有较好的耐磨性，其工作面上制有交叉的网纹，使工件夹紧后不易产生滑动。固定钳身装在底座上，并能绕底座轴心线转动，当转到要求的方向时，旋紧螺栓 M10 × 45 与螺母 M10 × 10 组成的螺栓连接，便可将固定钳身固紧。底座上有两个螺栓通孔，通过螺栓连接与钳台固定。

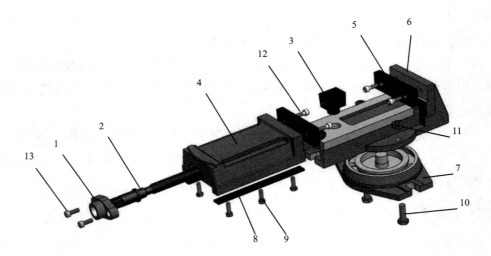

1—螺杆支座；2—螺杆；3—螺母；4—活动钳身；5—钳口板；6—固定钳身；7—底座；8—滑板；9—螺钉 M6×20；10—螺栓 M10×45；11—螺母 M10×10；12—螺钉 M6×20；13—螺钉 M6×15。

图 LS3-2　机用平口虎钳结构组成

机用平口虎钳中有两种作用的螺纹：①螺钉将钳口板固定在钳身上、夹紧螺栓旋紧将固定钳身与底座紧固——连接作用；②旋转螺杠，带动活动钳身相对固定钳身移动，将螺杠的转动转变为活动钳身的直线运动，把丝杠的运动传到活动钳身上——传动作用，起传动作用的螺纹是传动螺纹。

机用平口虎钳的规格以钳口的宽度为标定规格。机用平口虎钳常用规格参数如表 LS3-1 所示。

表 LS3-1　机用平口虎钳常用规格参数

型　号	Q1280	Q12100	Q12125	Q1216	Q12200	Q13136	Q13160	Q13200
钳口宽度/mm	80	100	125	160	200	136	160	200
钳口高度/mm	30	35	40	52	63	36	51	64
钳口最大张开度 ≥ /mm	65	80	100	125	160	170	180	220
定位键宽度/mm	12	14	14	18	18	14	14	18
螺杆头部四方宽度 /mm	14×14	14×14	14×14	19×19	19×19	19×19	19×19	19×19
螺栓直径/mm	M10	M12	M12	M16	M16	M12	M12	M16
底座分度值/（°）	1	1	1	1	1	1	1	1
外形尺寸（长 /mm×宽/mm×高 /mm)	214×115 ×91	257×134 ×106	297×166 ×126	411×222 ×166	453×242 ×183	383×166 ×114	402×182 ×143	472×234 ×173
质量/kg	7	9.5	16	36	52	17	23	41

工作任务清单

序号	载　　体	工 作 任 务	学时	分 工 建 议
1	平口虎钳	任务 1　机械零部件拆装	1	小组合作
2	平口虎钳零件	任务 2　编写标准件和非标准件明细表	1	小组合作
3	螺杆、螺母	任务 3　螺杆、螺母的测量及零件草图绘制	4	个人任务
4	丝杆支座	任务 4　螺杆支座的测量及零件草图绘制	1	个人任务
5	固定钳身、活动钳身	任务 5　绘制固定钳身、活动钳身的零件草图	4	小组分配 A 组绘制固定钳身 B 组绘制活动钳身
6	钳口板 滑板 底座	任务 6　其他零件测量及草图绘制	1	小组分配 A 组绘制钳口板、滑板 B 组绘制底座
7	平口虎钳	任务 7　平口虎钳装配工程图绘制	16	个人任务

注：以上小组分配任务为组内分 A、B 小组，合作完成整套平口虎钳的测绘工作任务。

任务 1　机械零部件拆装

表 LS3-Nr.1.1　机械零件拆装记录表

组别		姓名		规则员评分		教师评分	
				签　名		签　名	

平口虎钳参数记录

	项目	数值	说明		项目	数值	说明
铭牌				外观 尺寸			

零件配合关系记录表

项目	配合松紧程度	配合要求	配合尺寸测量值	配合尺寸调整值
	（　）松/（　）紧			
	（　）松/（　）紧			
	（　）松/（　）紧			
	（　）松/（　）紧			
	（　）松/（　）紧			

平口虎钳拆装步骤记录

步骤	内　容	工　具	操 作 方 法	注意事项
1				
2				
3				
4				
5				
6				
7				
8				
9				
10				
11				
12				

说明：在拆卸过程中判断并记录以上表格，表格不够可添加。

表 LS3-Nr.1.2　平口虎钳装配示意图

组别		姓名		规则员评分		教师评分	
				签　　名		签　　名	

说明：参考所给示例，绘制平口虎钳的装配示意图。

操作指南：

1．注意示例图 LS3-3 与实物的区别，参考示例图、结合实物，绘制符合实物的装配示意图。

2．装配示意图的序号必须与标准件、非标准件明细表一致，以方便绘制装配图时参考使用。

3．注意实物有些零件已经丢失（如石棉垫圈、弹簧垫圈、密封圈等），须补充完整。

4．请在空白处徒手或用尺规绘制装配示意图。

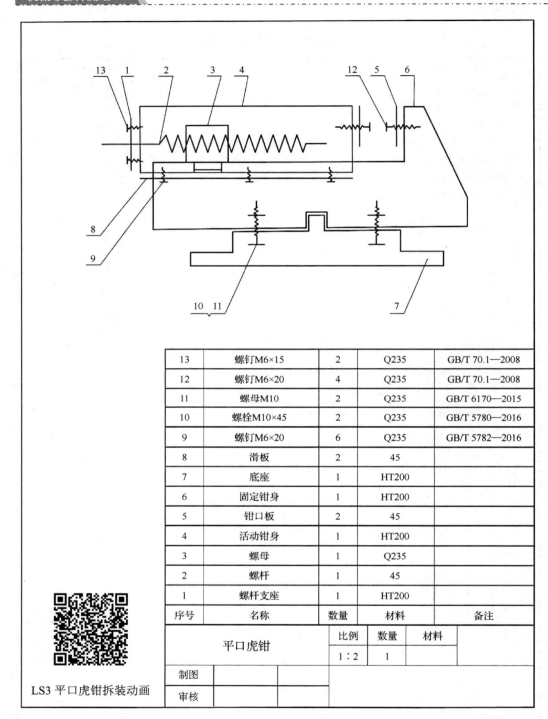

13	螺钉M6×15	2	Q235	GB/T 70.1—2008
12	螺钉M6×20	4	Q235	GB/T 70.1—2008
11	螺母M10	2	Q235	GB/T 6170—2015
10	螺栓M10×45	2	Q235	GB/T 5780—2016
9	螺钉M6×20	6	Q235	GB/T 5782—2016
8	滑板	2	45	
7	底座	1	HT200	
6	固定钳身	1	HT200	
5	钳口板	2	45	
4	活动钳身	1	HT200	
3	螺母	1	Q235	
2	螺杆	1	45	
1	螺杆支座	1	HT200	
序号	名称	数量	材料	备注

平口虎钳		比例	数量	材料	
		1：2	1		
制图					
审核					

LS3 平口虎钳拆装动画

图 LS3-3　平口虎钳的装配示例图

任务2　编写标准件和非标准件明细表

表 LS3-Nr.2　标准件和非标准件明细表

组别		姓名		规则员评分		教师评分	
				签　　名		签　　名	

说明：测量判断标记标准件、非标准件，列出明细表。

操作指南：

1．根据标准件的测量示例，测量并填写标准件明细表，国标代号在对应的国家标准中查找。

2．非标准件名称及材料请参考示例图 LS3-3 中的明细栏填写。

非标准件明细表				
序号	名　　称	备注 （材料、规格）	数量	图样代号
示例	螺杆	45	1	2
1				
2				
3				
4				
5				
6				
7				
8				
9				
10				
11				
12				
13				
14				
15				
16				
17				

续表

序号	名　　称	备注 （材料、规格）	数量	图样代号
示例	螺栓	GB/T 5780—2016 M10×45	2	10
1				
2				
3				
4				
5				
6				
7				
8				
9				
10				
11				
12				
13				
14				
15				
16				
17				
18				
19				
20				
21				
22				
23				
24				

标准件明细表

任务 3　螺杆、螺母的测量及零件草图绘制

表 LS3-Nr.3　螺杆、螺母的测量及零件草图绘制

组别		姓名		规则员评分		教师评分	
				签　名		签　名	

说明：参考所给示例，测量绘制螺杆、螺母零件草图。

操作指南：

1．根据示例图 LS3-4、结合实物，在空白处确定表达方案，然后根据表达方案在草图纸中布局绘制草图。

2．测量零件记录尺寸，测量尺寸时注意有配合要求的轴段尺寸、中心孔尺寸，需查阅参考资料选取标准值。

3．根据测量值绘制零件草图并标注，标题栏使用"简易"标题栏即可。

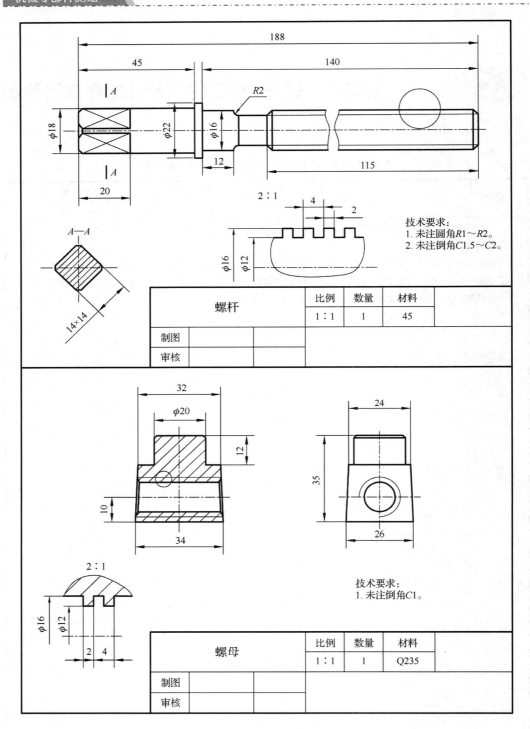

图 LS3-4　螺杆、螺母的零件草图示例

任务 4　螺杆支座的测量及零件草图绘制

表 LS3-Nr.4　螺杆支座的测量及零件草图绘制

组别		姓名		规则员评分		教师评分	
				签　名		签　名	

说明：参考所给示例，测量绘制螺杆支座零件草图。

操作指南：

1. 根据示例图 LS3-5、结合实物，在空白处确定表达方案，然后根据表达方案在草图纸中布局绘制草图。

2. 测量零件尺寸：与螺杆有配合关系的尺寸、螺钉通孔与沉孔等尺寸需查阅参考资料选取标准值。

3. 根据测量值绘制零件草图并标注，标题栏使用"简易"标题栏即可。

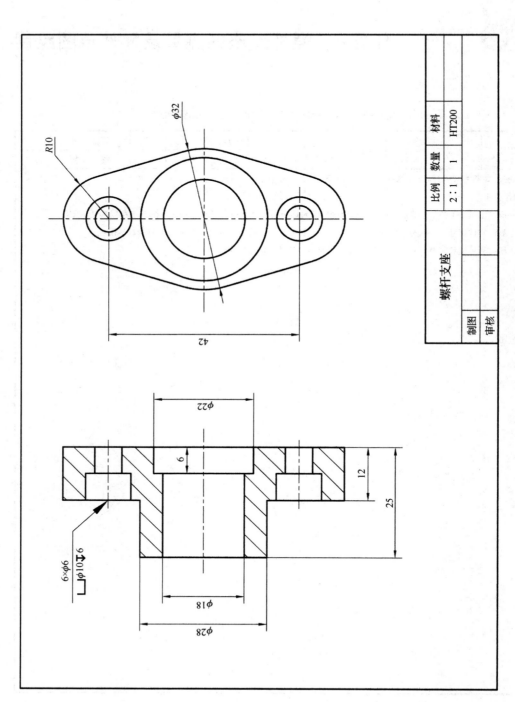

图 LS3-5　螺杆支座的零件草图示例

任务5　绘制固定钳身、活动钳身的零件草图

表 LS3-Nr.5　绘制固定钳身、活动钳身的零件草图

组别		姓名		规则员评分		教师评分	
				签　名		签　名	

说明：参考所给示例，测量绘制固定钳身、活动钳身零件草图。

操作指南：

1. 根据示例图 LS3-6 和图 LS3-7、结合实物，选取合适的表达方案。

2. 固定钳身、活动钳身的小圆角使用半径规测量。

3. 连接螺钉孔的定位尺寸，可根据与之配合连接零件的定位尺寸得出。

4. 螺钉盲孔深度，参考螺钉测量值，结合标准确定旋入端 b_m 值是否合适（b_m 值参考标准：钢 = d；铸铁 = 1.25～1.5d；铝 = 2d）。

5. 铸造件表面有些尺寸不规则、有缺陷，结合标准进行估算确定。

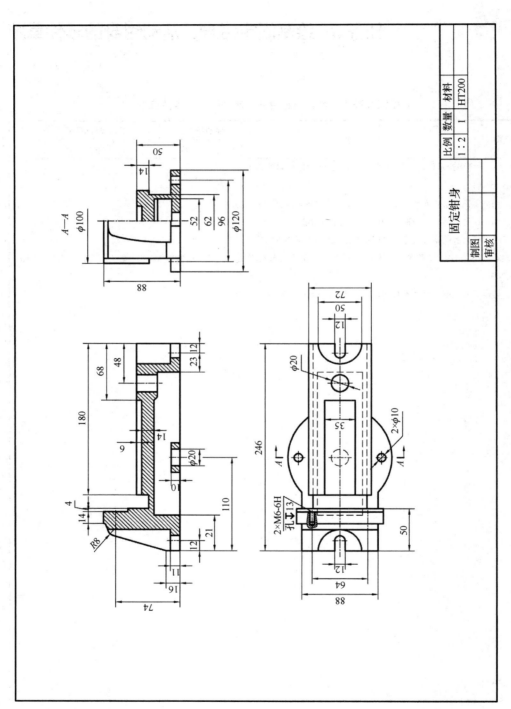

图 LS3-6　固定钳身的零件草图示例

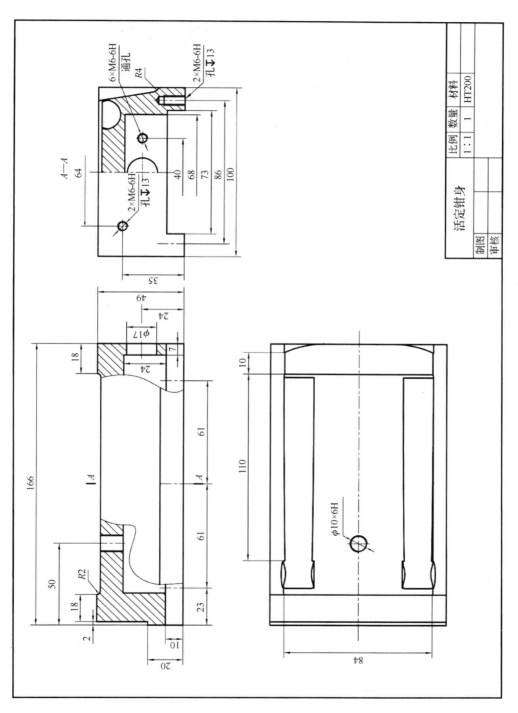

图 LS3-7 活动钳身的零件草图示例

任务 6　其他零件测量及草图绘制

表 LS3-Nr.6　其他零件测量及草图绘制

组别		姓名		规则员评分		教师评分	
				签　名		签　名	

说明：参考所给示例，测量绘制其他零件草图。

操作指南：

1. 根据示例图 LS3-8 和图 LS3-9、结合实物，在空白处确定表达方案，然后根据表达方案在草图纸中布局绘制草图。

2. 零件为回转结构的，宜采用非圆全剖视图表达（详见参考示例）。

3. 测量零件记录尺寸，测量尺寸时注意与螺杆有配合关系的尺寸、螺钉通孔与沉孔，需查阅参考资料选取标准值。

4. 细小倒角、圆角，可估算后取标准值。

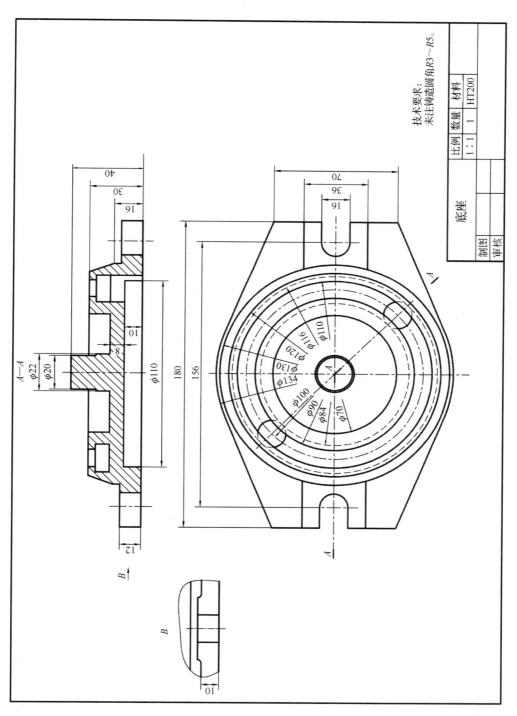

图 LS3-8　底座的零件草图示例

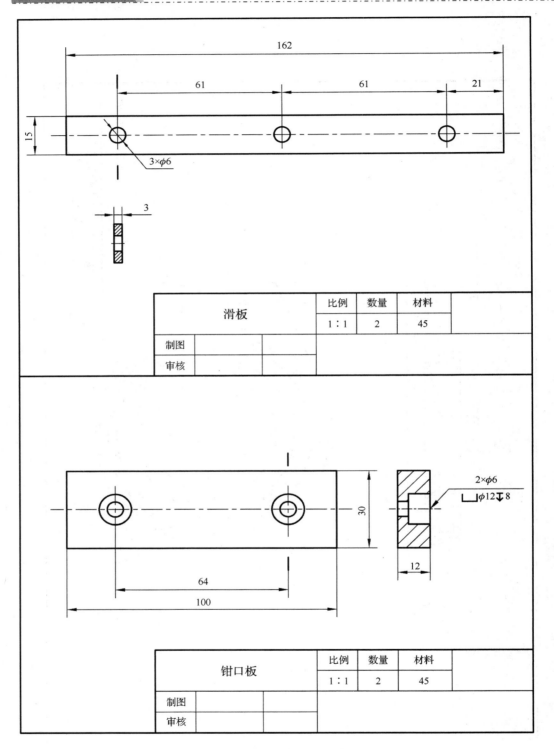

图 LS3-9 滑板、钳口板的零件草图示例

任务 7　平口虎钳装配工程图绘制

表 LS3-Nr.7　平口虎钳装配工程图绘制

组别		姓名		规则员评分		教师评分	
				签　名		签　名	

说明：零件草图完成后，根据装配示意图和零件草图绘制装配图。在绘制装配图的过程中，对草图中存在的零件形状和尺寸的不当之处做必要的修正。

操作指南：

1．根据示例图 LS3-10、结合实物，选取合适的表达方案。

2．选取合适的比例，在适当大小的图纸上绘制平口虎钳装配工程图。

3．标准件绘制应采用标准画法。

4．图线、标注、注释等应符合国家标准规定。

LS3 平口虎钳动画

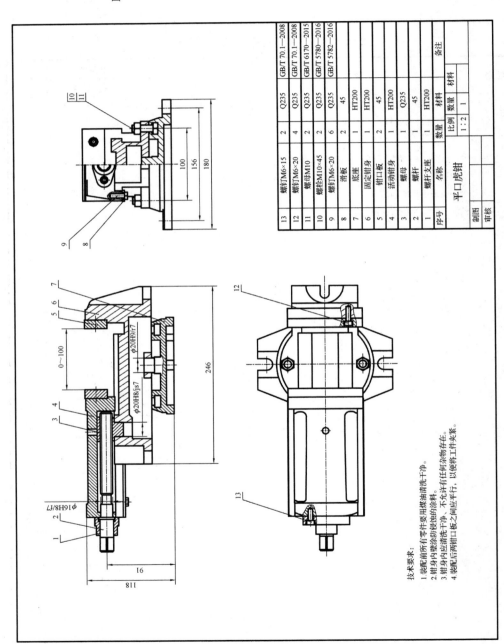

序号	名称	数量	材料	备注
13	螺钉TM6×15	2	Q235	GB/T 70.1—2008
12	螺钉TM6×20	4	Q235	GB/T 70.1—2008
11	螺母M10	2	Q235	GB/T 6170—2015
10	螺栓M10×45	6	Q235	GB/T 5780—2016
9	螺钉TM6×20	2	45	GB/T 5782—2016
8	滑板	1	HT200	
7	固定钳身	1	HT200	
6	钳口板	2	45	
5	活动钳身	1	HT200	
4	螺母	1	Q235	
3	螺杆	1	45	
1	螺杆支座	1	HT200	

平口虎钳　比例 1:2　数量 1

制图
审核

技术要求:
1.装配前所有零件要用煤油清洗干净。
2.钳身内壁涂防锈蚀性的涂料。
3.钳身内应清洗干净,不允许有任何杂物存在。
4.装配后两钳口板之间应平行,以便将工件夹紧。

图 LS3-10　平口虎钳装配工程图示例

学习情境 4

一级圆柱齿轮减速器的测绘

学习目标

（1）了解一级圆柱齿轮减速器的应用及工作原理。

（2）掌握各种拆装工具的使用方法，并懂得制订装配体拆卸工艺卡。

（3）掌握标准件的测量方法。

（4）掌握典型机械零件的测量方法，能绘制零件草图并标注尺寸。

（5）能绘制一级圆柱齿轮减速器装配图。

（6）能绘制零件工作图。

建议学时

28 学时（一周）

部件概述

1. 减速器的工作原理

齿轮减速器是工业中比较常见的一种减速装置。机器的运转，通常由电动机带动，电动机转速一般很高（1000～3000r/min 甚至更高），而一般机器所需要的转速却低得多，如起重机械、输送机械、机床、混凝土搅拌机等一般只需要几百转/分，甚至更低。所以，若要将电动机应用在低速机构上，就要采用减速器，将电动机传递的转速降低。

　　齿轮减速器一般通过一对或数对齿轮的传动降低速度，即一级减速、二级减速等。"一级圆柱齿轮减速器"即用一对圆柱齿轮传动以达到减速的目的。单级减速器的传动比一般不大于 10。

　　本项目所采用的一级斜齿圆柱齿轮减速器是一种以降低机器转速为目的的专用部件，由电动机通过带轮带动输入轴（齿轮轴）转动，再由输入轴带动低速轴上的大齿轮转动，将动力传递到输出轴，以实现减速的目的。一级斜齿圆柱齿轮减速器外形图如图 LS4-1 所示。

图 LS4-1　一级斜齿圆柱齿轮减速器外形图

2．减速器的结构组成

　　本项目所采用的一级斜齿圆柱齿轮减速器有两条装配线（见图 LS4-2），即两条轴系结构，齿轮轴和低速轴的两端分别由滚动轴承支承在箱座上。由于该减速器采用斜齿圆柱齿轮传动，所受轴向力不大，因此，两轴均由能承受部分轴向载荷的深沟球轴承 3、14 支承，轴和轴承采用过渡配合，有较好的同轴度，故可保证齿轮啮合的稳定性。4 个端盖 2、4、13、18 用螺钉连接固定在箱座箱盖轴承孔上，固定轴和轴上零件相对于机体的轴向位置，低速轴系由套筒 9 和端盖控制零件轴向相对位置，高速轴系则用齿轮轴的轴肩固定零件轴向相对位置，装配时只需调整螺钉的松紧即可调节轴向间隙，使其总间隙达到 0.08～0.12mm，满足轴向游隙要求。

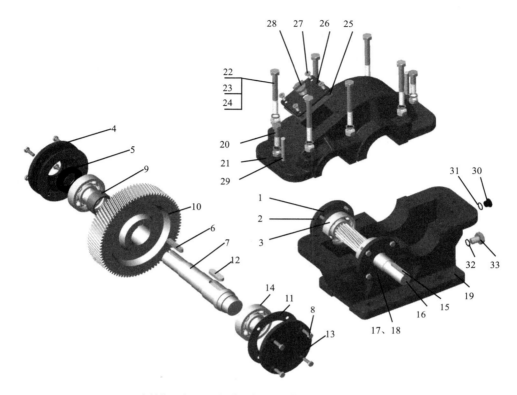

1—密封垫（小）；2—闷盖（小）；3—轴承 6206；4—透盖（大）；

5—唇形密封圈 FB032052；6—键 8×7×45；7—低速轴；8—螺钉 M6；9—套筒；

10—齿轮；11—密封垫（大）；12—键 8×7×45；13—闷盖（大）；14—轴承 6207；

15—键 8×7×45；16—齿轮轴；17—唇形密封圈 FB028047；18—透盖（小）；

19—箱座；20—螺栓 M10×40；21—箱盖 10；22—螺栓 M10×80；23—螺母 M10；

24—弹簧垫圈 M10；25—密封垫（长方形）；26—窥视孔盖；27—螺钉 M6×12（沉头）；

28—透气塞；29—圆锥销 $\phi 8×50$；30—油标；31—O 形密封圈；32—O 形密封圈；33—油塞。

图 LS4-2　一级斜齿圆柱齿轮减速器结构图

　　箱体由两部分组成，采用上下剖分式结构，沿两轴线平面分为箱座 19 和箱盖 21，两零件采用螺栓连接，便于装配和拆卸。为了保证机体上轴承孔的正确位置和配合尺寸，两零件须装配后才能加工轴承孔，故在箱盖与箱座左右两边的凸缘处分别采用圆锥销 29 定位，保证箱盖与箱座的相对位置。锥销孔为通孔，便于拆装。机体前后对称，其中间空腔内安置两啮合齿轮，轴承和端盖对称分布在齿轮的两侧。

　　为方便检修，箱盖上设有窥视孔，拆去窥视孔盖 26 后可检视齿轮磨损情况或加油。箱座的底板上设有 4 个安装螺栓通孔，方便将减速器安装在工作台上。

　　减速器的齿轮工作时采用浸油润滑，箱座下部为油池，油池内装有润滑油，油池底面应有斜度，放油时能使油顺利流向放油孔位置。油塞 33 用于清洗放油，其螺孔应低于油池底面，以便于放尽油泥，使用 O 形密封圈 32 密封。从动齿轮的轮齿浸泡在油池中，转动时可把油带到啮合表面，起润滑作用。为了控制箱座油池中的油量，油面高度通过油标 30 观察，游标处安装 O 形密封圈 31 密封。轴承依靠大齿轮搅动油池中的油来润滑，为避免轴和盖之间的摩擦，盖孔与轴之间留有一定间隙，端盖内装有唇形密封圈 5、17，紧紧套在轴上，可防止油向外渗漏和异物进入箱体内。

当减速器工作时，零件摩擦而发热，箱体内温度会升高从而引起气体热膨胀，导致箱体内压力增大，故在顶部设计有透气装置。透气塞 28 是为了排放箱体内的膨胀气体、减小内部压力而设置的。透气塞的小孔使箱体内的膨胀气体能够及时排出，从而避免箱体内的压力增高。

工作任务清单

序号	载　体	工 作 任 务	学时	分 工 建 议
1	一级减速器	任务1　机械零部件拆装	1	小组合作
2	减速器零件	任务2　编写标准件和非标准件明细表	1	小组合作
3	低速轴	任务3　轴的测量及零件草图绘制	2	个人任务
4	齿轮	任务4　齿轮测量及零件草图绘制	2	个人任务
5	箱座/箱盖	任务5　箱体零件测量及草图绘制	4	小组分配 A 组绘制箱座 B 组绘制箱盖
6	闷盖、透盖	任务6　其他零件测量及草图绘制	2	小组分配 A 组绘制小闷盖、透盖 1 套； B 组绘制大闷盖、透盖 1 套
	高速轴			个人任务
	套筒			个人任务
	窥视盖			个人任务
	透气塞			个人任务
	油塞			个人任务
7	一级减速器	任务7　减速器装配工程图绘制	12	个人任务
8	低速轴	任务8　绘制低速轴零件工作图	4	个人任务

注：以上小组分配任务为组内分 A、B 小组，合作完成整套减速器的测绘工作任务。

任务 1　机械零部件拆装

表 LS4-Nr.1.1　机械零件拆装记录表

组别		姓名		规则员评分		教师评分	
				签　名		签　名	

减速器参数记录								
项　目		**数值**	**说　明**		**项　目**	**数值**	**说　明**	
铭牌	型号规格		- - - - - - - - - - - -	外观尺寸	总长		- - - - - - - - - - - -	
	速比		- - - - - - - - - - - -		总宽		轴展尺寸	
	数据编号		- - - - - - - - - - - -		总高		最高点到底面	
					中心距		两轴中心距离	
					中心高		齿轮轴心到底面	

零件配合关系记录表				
项　目	**配合松紧程度**	**配合要求**	**配合尺寸测量值**	**配合尺寸调整值**
轴承与轴颈（高速轴）	（　）松/（　）紧	k6		
端盖与轴承孔（高速轴）	（　）松/（　）紧	H7/f8		
轴承与轴颈（低速轴）	（　）松/（　）紧	k6		
齿轮与轴颈（低速轴）	（　）松/（　）紧	H7/r6		
端盖与轴承孔（低速轴）	（　）松/（　）紧	H7/f8		

减速器拆装步骤记录				
步骤	**内　容**	**工　具**	**操　作　方　法**	**注 意 事 项**
1	观察记录减速器基本信息	测量工具等	观察记录外表及零件的形状、结构和装配关系	轴端伸出方向和铭牌信息
2	拆除轴外伸段平键	铜棒、铁锤	铜棒抵住键端，铁锤敲击将键拆下	铁锤不能直接敲击零件
3				
4				
5				
6				
7				
8				
9				
10				
11				
12				

说明：在拆卸过程中判断并记录以上表格，表格不够可添加。

表 LS4-Nr.1.2　减速器装配示意图

组别		姓名		规则员评分		教师评分	
				签　名		签　名	

说明：参考所给示例，绘制减速器的装配示意图。

操作指南：

1．注意示例图 LS4-3 与实物的区别，参考示例图、结合实物，绘制符合实物的装配示意图。

2．装配示意图的序号必须与标准件、非标准件明细表一致，以方便绘制装配图时参考使用。

3．注意实物有些零件已经丢失（如石棉垫圈、弹簧垫圈、O 形密封圈），须补充完整。

4．请在空白处徒手或用尺规绘制装配示意图。

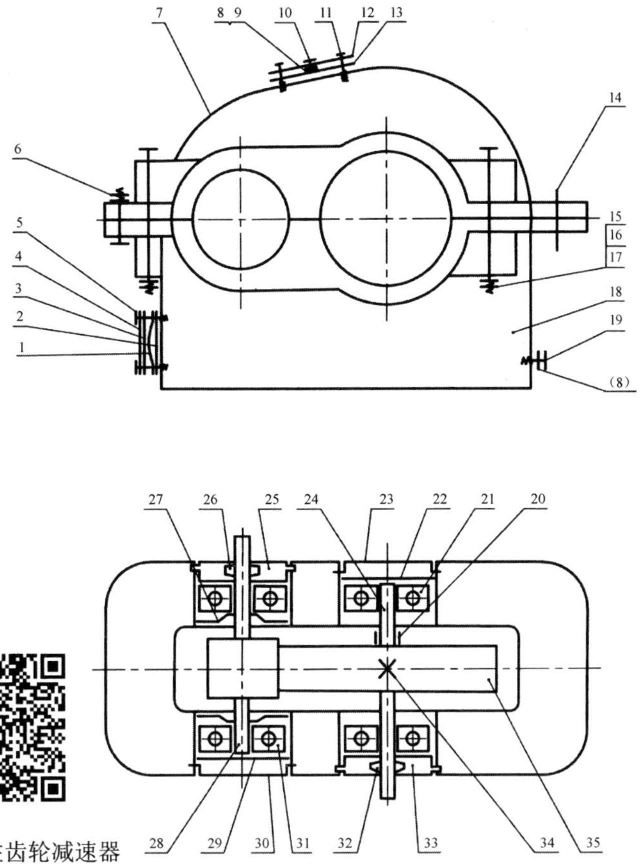

序号	名称	数量	材料	备注
35	齿轮	1	45	
34	键A10×22	1		GB/T 1096—2003
33	嵌入端盖（透盖）	1	HT150	
32	毡圈30	1	毛毡	JB/ZQ 4606—1997
31	滚动轴承6204	2		GB/T 276—2013
30	嵌入端盖（闷盖）	1	HT150	
29	调整环（主动轴）	1	Q235-A	
28	齿轮轴	1	45	
27	挡油环	2	Q235-A	
26	毡圈20	1	毛毡	JB/ZQ 4606—1997
25	嵌入端盖（透盖）	1	HT150	
24	轴	1	40	
23	调整环（从动轴）	1	Q235-A	
22	滚动轴承6205	2		GB/T 276—2013
21	套筒	1	Q235-A	
20	箱体	1	HT200	
19	螺塞M10×1	1	Q235-A	JB/ZQ 4450—1997
18	螺母M8	6	Q235-A	GB/T 6170—2015
17	垫圈8	6	65Mn	GB/T 93—1987
16	螺栓M8×65	4	Q235-A	GB/T 5782—2016
15	圆锥销A3×18	2	45	GB/T 117—2000
14	垫片	1	压纸板	
13	窥视盖	1	HT200	
12	螺钉M3×10	4	Q235-A	GB/T 6170—2015
11	通气塞	1	Q235-A	
10	平垫圈10-A级	2		GB/T 97.1—2002
9	螺母M10	1	Q235-A	GB/T 6170—2015
8	箱盖	1	HT200	
7	螺栓M8×30	2	Q235-A	GB/T 5782—2016
6	螺钉M3×1	3	Q235-A	GB/T 67—2016
5	小盖	1	HT200	
4	油面指示片	2	玻璃	
3	垫片	1	毛毡	
2	反光片	1	铝	

比例　1:1

减速器

制图　审核

LS4 一级圆柱齿轮减速器

拆装动画

图 LS4-3　减速器装配示意图图示例

任务 2　编写标准件和非标准件明细表

表 LS4-Nr.2　标准件和非标准件明细表

组别		姓名		规则员评分		教师评分	
				签　名		签　名	

说明：测量判断标记标准件、非标准件，列出明细表。

操作指南：

1. 根据标准件的测量示例，测量并填写标准件明细表，国标代号在对应的国家标准中查找。

2. 非标准件请参考减速器零件清单填写名称，材料参考"任务7　减速器装配工程图绘制"。

非标准件明细表				
序　号	名　　称	备注 （材料、规格）	数　量	图样代号
示例	轴	45	1	7
1				
2				
3				
4				
5				
6				
7				
8				
9				
10				
11				
12				
13				
14				
15				
16				
17				

续表

标准件明细表				
序　号	名　　称	备注 （材料、规格）	数　量	图样代号
示例	螺栓	GB/T 5780—2016 M10 × 75	6	22
1				
2				
3				
4				
5				
6				
7				
8				
9				
10				
11				
12				
13				
14				
15				
16				
17				
18				
19				
20				
21				
22				
23				
24				

任务3　轴的测量及零件草图绘制

表 LS4-Nr.3　轴的测量及零件草图绘制

组别		姓名		规则员评分		教师评分	
				签　名		签　名	

说明：参考所给示例，测量绘制轴零件草图。

操作指南：

1. 根据示例图 LS4-4、结合实物，在空白处确定表达方案，然后根据表达方案在草图纸中布局绘制草图。

2. 测量零件尺寸：与轴承配合的轴段尺寸、键槽尺寸、中心孔尺寸等需查阅参考资料选取标准值。

3. 根据测量值绘制零件草图并标注，标题栏使用"简易"标题栏即可。

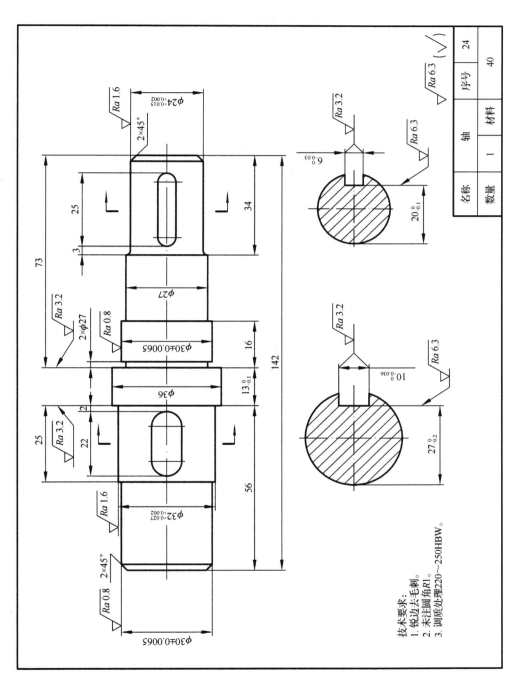

技术要求：
1. 锐边去毛刺。
2. 未注圆角R1。
3. 调质处理220～250HBW。

图 LS4-4　轴的零件草图示例

任务 4 齿轮测量及零件草图绘制

表 LS4-Nr.4 绘制齿轮的零件草图

组别		姓名		规则员评分		教师评分	
				签 名		签 名	

说明：参考所给示例，测量绘制齿轮零件草图。

操作指南：

1. 根据示例图 LS4-5、结合实物，在空白处确定表达方案，然后根据表达方案在草图纸中布局绘制草图。

2. 齿轮参数测量步骤：测量齿顶圆直径→反算模数→选取标准模数→使用选取的标准模数计算齿轮参数值。

3. 测量记录齿轮其他结构尺寸，测量尺寸时注意键槽尺寸需查阅参考资料选取标准值。

4. 根据计算获取的齿轮参数和测量的结构尺寸绘制零件草图，草图右上角须绘制齿轮啮合特性表。

齿轮模数系列

第一系列	1.25　1.5　2　2.25　3　4　5　6　8　10　12　16　20　25　32…50
第二系列	1.75　2.25　2.75　（3.25）　3.5　（3.75）　4.5　5.5　（6.5）…45

标准斜齿圆柱齿轮参数测量计算表

项　　目	公　　式	实测值	计　算　值
模数	$m_n = d_a / (z / \cos\beta + 2)$		
齿数	z		
齿形角	α	20°	
齿顶圆直径	$d_a = m_n (z / \cos\beta + 2)$		
齿根圆直径	$d_f = m_n (z / \cos\beta - 2.5)$		
分度圆直径	$d = m_n z / \cos\beta$		
螺旋角	$\beta = 8°6'34''$，$\cos\beta \approx 0.9898$		

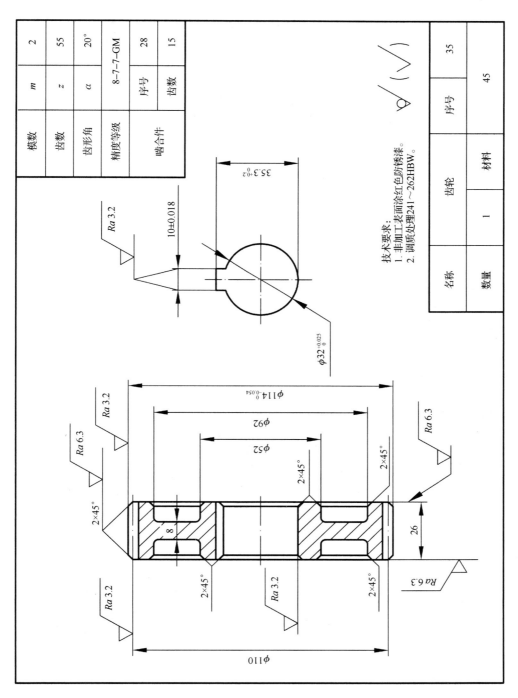

模数	m	2
齿数	z	55
齿形角	α	20°
精度等级	8-7-7-GM	
啮合件	序号	28
	齿数	15

技术要求：
1. 非加工表面涂红色防锈漆。
2. 调质处理241～262HBW。

名称	齿轮	序号	35
数量	1	材料	45

图 LS4-5　齿轮的零件草图示例

任务 5 箱体零件测量及草图绘制

表 LS4-Nr.5 绘制箱盖、箱座的零件草图

组别		姓名		规则员评分		教师评分	
				签 名		签 名	

说明：参考所给示例，测量绘制箱盖、箱座的零件草图。

操作指南：

1. 根据示例图 LS4-6 和图 LS4-7、结合实物，选取合适的表达方案。

2. 箱座、箱盖结合面的大圆角采用"拓印法"测量，其他小圆角使用半径规测量。

3. 箱盖测绘注意事项如下。

（1）窥视口中心应对准齿轮啮合位置。

（2）箱盖内壁小圆弧采用"拓印法"测出半径 R（见图 a），测量距离 a，然后根据 $R + a$ 找出圆心位置；

内壁小圆弧半径＋壁厚＝外壁小圆弧半径，内外圆弧同心。

（3）箱盖窥视口应先绘制主视图，再根据三等关系绘制左视图（见图 b）。

4. 箱盖、箱座壁厚测量可以参考图 c，壁厚＝ $(H - h)/2$。

5. 螺栓通孔需增加锪孔，直径比螺栓头六角最大处大 2mm，深度为 1（见图 d、图 e）。

6. 箱座、箱盖与端盖连接螺钉孔的定位尺寸（见图 f），可参考端盖螺钉通孔的定位尺寸得出。

7. 螺钉盲孔深度，参考螺钉测量值，结合标准确定图 g 中旋入端 b_m 值是否合适（b_m 值参考标准：钢 $= d$；铸铁 $= 1.25 \sim$ 1.5d；铝 $= 2d$）。

8. 铸造件表面有些尺寸不规则、有缺陷，结合标准进行估算确定。

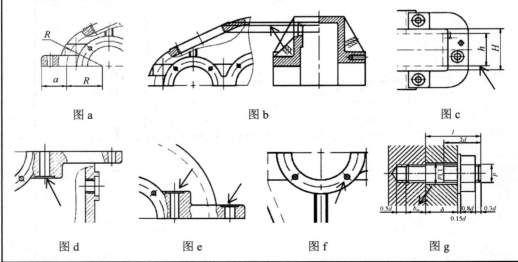

图 a   图 b   图 c

图 d   图 e   图 f   图 g

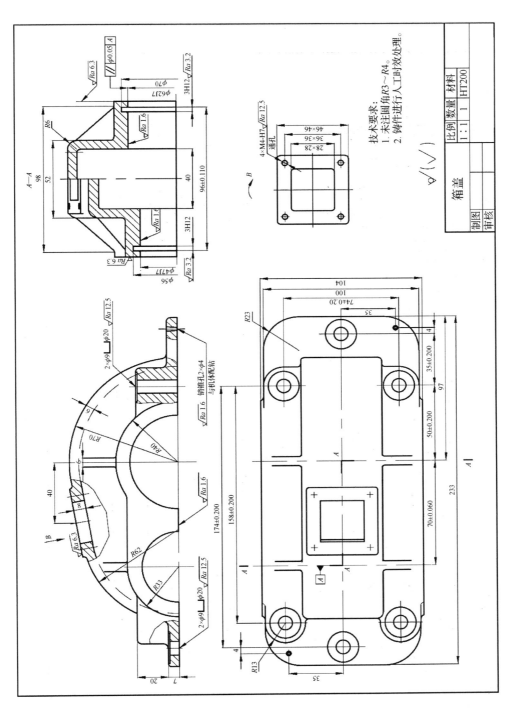

图 LS4-6　箱盖的零件草图示例

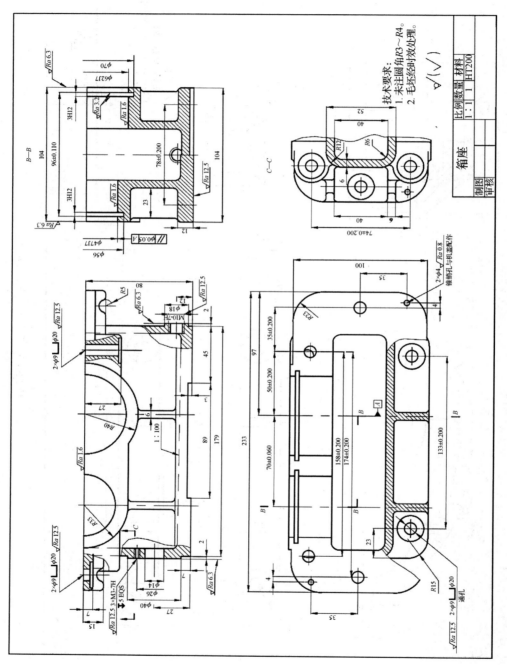

图 LS4-7　箱座的零件草图示例

任务 6　其他零件测量及草图绘制

表 LS4-Nr.6　其他零件测量及草图绘制

组别		姓名		规则员评分		教师评分	
				签　名		签　名	

说明：参考所给示例，测量绘制其他零件草图。

操作指南：

1. 根据示例图 LS4-8 和图 LS4-9、结合实物，在空白处确定表达方案，然后根据表达方案在草图纸中绘制草图。

2. 调整环、闷盖、通气塞、窥视盖、螺塞等零件为回转结构，宜采用非圆全剖视图表达，不需绘制圆形视图（详见参考示例）。

3. 透盖装配唇形密封圈的位置，尺寸应结合实际测量深度，再查阅唇形密封圈标准后确定直径。

4. 密封垫采用拓印配合件配作，所以其零件图可不绘制；如需绘制其零件图，端盖密封垫与端盖结合位置配作、窥视盖密封垫与箱盖窥视口凸缘位置配作。

5. 细小倒角、圆角，可估算后取标准值。

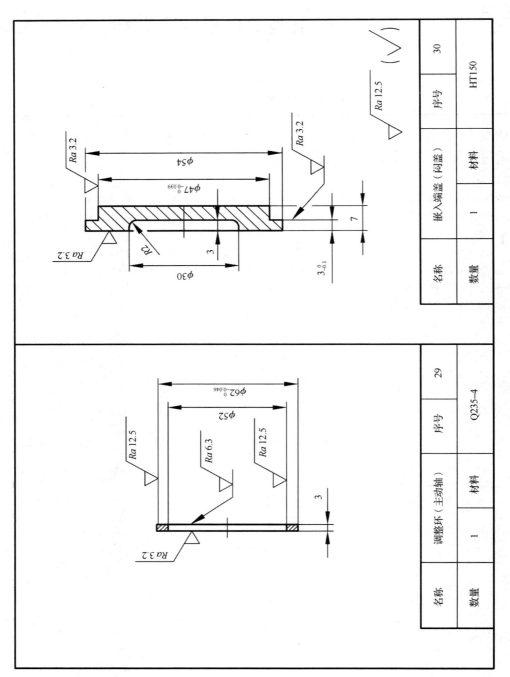

图 LS4-8 调整环、闷盖的零件草图示例

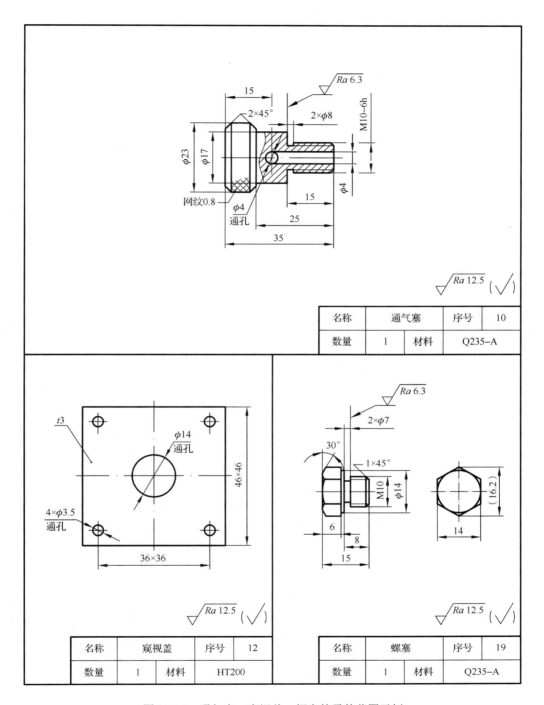

图 LS4-9　通气塞、窥视盖、螺塞的零件草图示例

任务 7   减速器装配工程图绘制

表 LS4-Nr.7   减速器装配工程图绘制

组别		姓名		规则员评分		教师评分	
				签　名		签　名	

说明：零件草图完成后，根据装配示意图和零件草图绘制装配图。在绘制装配图的过程中，对草图中存在的零件形状和尺寸的不当之处做必要的修正。

操作指南：

1. 根据示例图 LS4-10、结合实物，选取合适的表达方案。

2. 使用 AutoCAD 绘制一级圆柱齿轮减速器装配工程图。

3. 绘图细节绘制注意事项如下。

（1）窥视孔局部剖、透气塞半剖、沉头螺钉局部重合剖（见图 a）。

（2）齿轮啮合 5 条线须画清楚，齿轮旋向须按规定标记（见图 b）。

（3）轴承孔、箱体内壁线须完整（见图 c）。

（4）外伸轴段断开位置只能在箱体以外的位置，且断开线用波浪线（见图 d）。

（5）在主视图、左视图上箱盖和箱座的分界线要分明（见图 e）。

（6）左视图窥视口部分采用拆卸画法，应先绘制主视图，再根据三等关系绘制左视图；注意沉头螺钉位置采用了局部重合剖，会造成主视图中窥视口左侧图线不完整，在绘制左视图时假想其图线完整绘制（见图 f）。

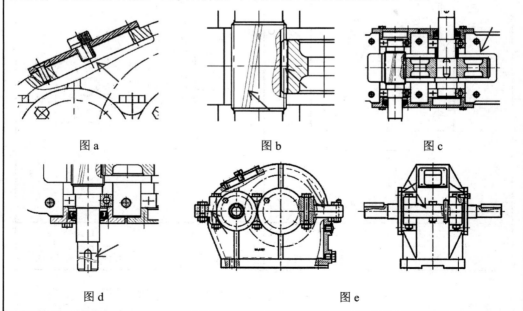

图 a　　　　　　　　　　图 b　　　　　　　　　　图 c

图 d　　　　　　　　　　　　图 e

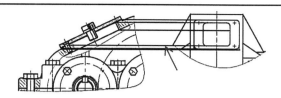

图 f

4．标准件绘制注意事项如下。

（1）螺栓采用标准画法。

（2）弹簧垫圈采用标准画法。

（3）螺钉连接采用标准画法。

（4）圆锥销连接采用标准画法。

（5）轴承按规定画法表达，一边采用标准画法，另一边采用通用画法。

（6）O 形密封圈采用标准画法。

（7）旋入式油标查标准（GB 1160.2A，JB/T 7941.2—95A）绘制。

（8）FB 型唇形密封圈查机械设计手册按尺寸绘制。

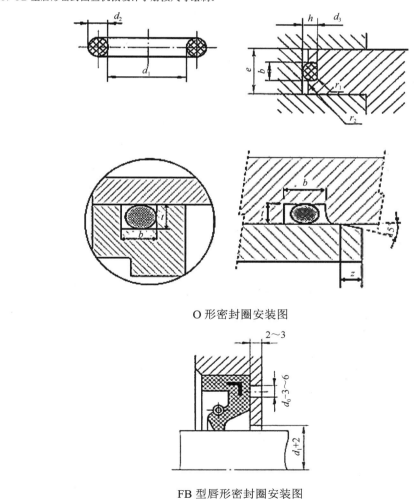

O 形密封圈安装图

FB 型唇形密封圈安装图

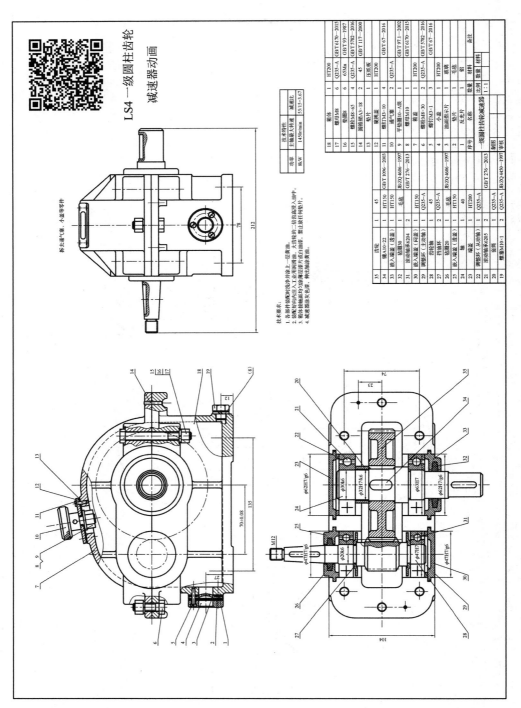

LS4一级圆柱齿轮
减速器动画

技术特性

功率	8kW	减速比
主轴最大转速度	1450r/min	15/15~3.67

技术要求：

1. 各零件装配时在冲洗净并涂上一层薄油。
2. 装配后向内注入业相规两倍，大齿轮的一倍浸高浸入油中，轴入油中。
3. 箱体接触面应均匀涂紧密层薄不应有漏油，禁止放任何垫片。
4. 减速器涂灰色漆，轴付珠涂黄色。

35	齿轮	1	45	GB/T 1096—2003
33	嵌入端盖(透盖)	1	HT150	
32	粘圈30	1	毛毡	JB/ZQ 4606—1997
31	滚动轴承6204	2		GB/T 276—2013
30	嵌入端盖(闷盖)	1	HT150	
29	轴(主动轴)	1	45	
28	齿轮油	1	Q235-A	
27	挡油环	2		
26	粘圈20	1	毛毡	JB/ZQ 4606—1997
25	嵌入端盖(透盖)	1	HT150	
24	端盖	1	HT200	
23	调整环(从动轴)	1	Q235-A	GB/T 276—2013
22	滚动轴承6205	2		
21	轴套	1	Q235-A	
20	垫圈	1	铝	
19	螺塞M10-1	2	Q235-A	JB/ZQ 4450—1997

18	箱体	1	HT200	
17	螺母M8	6	Q235-A	GB/T 6170—2015
16	垫圈8	6	65Mn	GB/T 93—1987
15	螺栓M8×65	4	Q235-A	GB/T 5782—2016
14	圆锥销A3-18	2	45	GB/T 117—2000
13	垫片	1	压毡板	
12	观视孔盖	1	HT200	
11	螺钉M3-10	4	Q235-A	GB/T 67—2016
10	通气塞10-A型	1		GB/T 97.1—2002
9	平垫圈10-A级	1	Q235-A	GB/T 97.1—2002
8	螺母M10	1		
7	箱盖	1	HT200	
5	螺钉M8-30	4	Q235-A	GB/T 5782—2016
5	小盖	3		
4	螺钉M3-1	3		GB/T 67—2016
3	垫片	3	HT200	
2	油面指示片	1	玻璃	
1	反光片	1	毛毡	
序号	名称	数量	材料	备注

	一级圆柱齿轮减速器		比例	数量
			1：1	
制图			材料	
审核				

图 LS4-10 一级圆柱齿轮减速器装配工程图示例

任务 8 绘制低速轴零件工作图

表 LS4-Nr.8 绘制低速轴零件工作图

组别		姓名		规则员评分		教师评分	
				签　名		签　名	

说明：绘制装配图的过程，也是进一步校对零件草图的过程，而绘制零件工作图则是在零件草图经过绘制装配图进一步校核后进行的。从零件草图到零件工作图不是简单的重复照抄，应再次检查、及时订正，并按装配图中选定的极限与配合要求，在零件工作图上注写尺寸公差数值，标注几何公差代号和表面粗糙度的符号。参考所给示例，绘制低速轴的零件工作图并标注。

操作指南：

1. 使用 AutoCAD 绘制低速轴的零件工作图。

2. 根据示例图 LS4-11、结合实物，在 A3 图幅上合理布局。

3. 根据低速轴的零件草图和装配图，绘制低速轴的零件工作图并标注尺寸。

4. 完整标注表面粗糙度、几何公差、公差等技术要求。

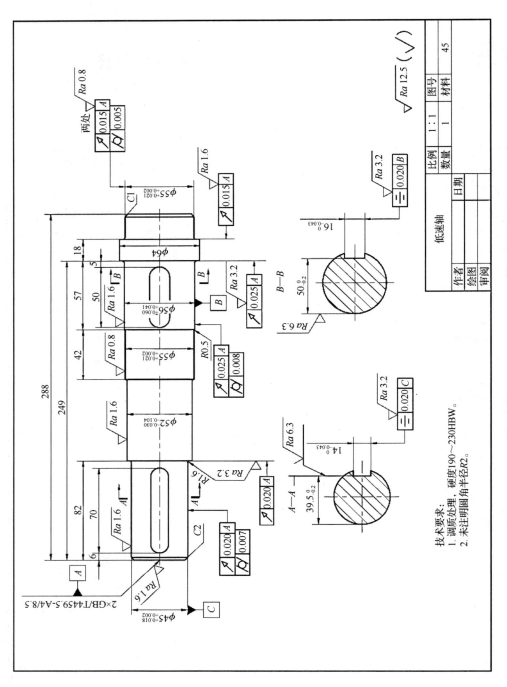

图 LS4-11 低速轴零件工作图示例

附　　录

附表A　六角头螺栓

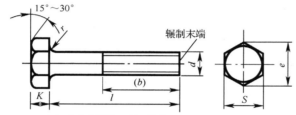

（a）六角头螺栓-C级（摘自 GB/T 5780—2016）

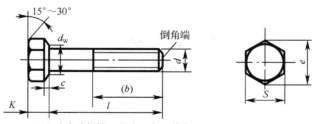

（b）六角头螺栓-A级和B级（摘自 GB/T 5782—2016）

标记示例

螺纹规格 d = M12，公称长度 l = 80 的 A 级六角螺栓，标记为：

螺栓 GB/T 5782　M12 × 80

单位/mm

螺纹规格 d		M3	M4	M5	M6	M8	M10	M12	M16	M20	M24	M30	M36
b 参考	$L \leqslant 125$	12	14	16	18	22	26	30	38	46	54	66	78
	$125 < L \leqslant 200$	—	—	—	—	28	32	36	44	52	60	72	84
	$L > 200$	—	—	—	—	—	—	—	57	65	73	85	97
c (max)	C	—	—	0.5	0.5	0.6	0.6	0.6	0.8	0.8	0.8	0.8	0.8
	A、B	0.4	0.4										

续表

螺纹规格 d			M3	M4	M5	M6	M8	M10	M12	M16	M20	M24	M30	M36
d_W (min)	产品 等级	C、B	—	—	6.7	8.7	11.4	14.4	16.4	22	27.7	33.2	42.7	51.1
		A	4.6	5.9	6.9	8.9	11.6	14.6	16.6	22.5	28.2	33.6	—	—
e (min)	产品 等级	C、B	—	—	8.63	10.89	14.20	17.59	19.85	26.17	33.95	39.55	50.85	60.79
		A	6.07	7.66	8.79	11.05	14.38	17.77	20.03	26.75	33.53	39.98	—	—
K 公称	产品 等级	C	—	—	3.5	4	5.3	6.4	7.5	10	12.5	15	18.7	22.5
		A、B	2	2.8										
r (min)	产品 等级	C	—	—	0.2	0.25	0.4	0.4	0.6	0.6	0.8	0.8	1	1
		A、B	0.1	0.2										
S (max)	产品 等级	C	—	—	8	10	13	16	18	24	30	36	46	55
		A、B	5.5	7										
a (max)	产品 等级	C	—	—	3.2	4	5	6	7	8	10	12	14	16
		B	1.5	2.1	2.4	3	3.75	4.5	5.25	6	7.5	9	10.5	12
l	GB 5780—2016		—	—	25~50	30~60	35~80	40~100	45~120	55~160	65~200	80~240	90~300	110~360
	GB 5782—2016		20~30	25~40										
	系列值		6, 8, 10, 12, 16, 20, 25, 30, 35, 40, 45, 50, (55), 60, (65), 70, 80, 90, 100, 110, 120, 130, 140, 150, 160, 180, 200, 220, 240, 260, 280, 300, 320, 340, 360												

注：① 尽可能不采用括号内的规格。

② A 级用于 $d \leqslant 24$ 和 $l \leqslant 10d$ 或 $l \leqslant 150$mm 的螺栓；B 级用于 $d > 24$ 和 $l > 10d$ 或 $l > 150$mm 的螺栓。

附表 B　双头螺柱

$b_m = d$（摘自 GB/T 897—1988）　　　$b_m = 1.25d$（摘自 GB/T 898—1988）

$b_m = 1.5d$（摘自 GB/T 899—1988）　　$b_m = 2d$（摘自 GB/T 900—1988）

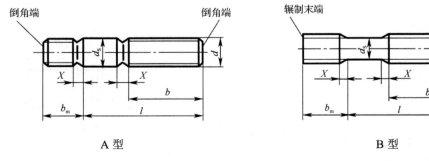

A 型　　　　　　　　　　　　　　B 型

$x = 2.5P$（P 为螺距）

标记示例

两端均为粗牙普通螺纹，$d = 10mm$，$l = 50mm$，$b_m = d$，力学性能等级为 4.8 级，不经表面处理，B 型，标记为：

螺柱　　GB 897　M10 × 50

旋入机体一端为粗牙普通螺纹，旋入螺母一端为螺距 $P = 1mm$ 的细牙普通螺纹，$d = 10mm$，$l = 50mm$，$b_m = 1.25d$，A 型，力学性能等级为 8.8 级，不经表面处理。标记为：

螺柱　　GB 898　AM10—M10 × 1 × 50—8.8

单位/mm

螺纹规格 d	b_m				l/b	l
	d	$1.25d$	$1.5d$	$2d$		
M3	—	—	4.5	6	16～20/6, 22～40/10	16～40
M4	—	—	6	8	16～22/8, 25～40/14	16～40
M5	5	6	8	10	16～22/10, 25～50/16	16～50
M6	6	8	10	12	20～22/10, 25～30/14, 32～75/18	20～75
M8	8	10	12	16	20～22/12, 25～30/16, 30～90/22	20～90
M10	10	12	15	20	25～28/14, 30～38/16, 40～120/26, 130/32	25～130
M12	12	15	18	24	25～30/16, 32～40/20, 45～120/30, 130～180/36	25～180
M16	16	20	24	32	30～38/20, 40～55/30, 60～120/38, 130～200/44	30～200
M20	20	25	30	40	35～40/25, 45～65/35, 70～120/44, 130～200/52	35～200
M24	24	30	36	48	45～50/30, 55～75/45, 80～120/54, 130～200/60	45～200
M30	30	38	45	60	60～65/40, 70～90/50, 95～120/66, 130～200/84,210～250/85	60～250
M36	36	45	54	72	65～75/45, 80～110/60, 120/78, 130～200/84, 210～300/97	65～300
l	12, (14),16, (18), 20, (22),25, (28), 30, (32),35, (38),40, 45, 50, (55), 60, (65), 70, 75, 80, 85, 90, 95, 100, 110, 120, 130, 140, 150, 160, 170, 180, 190, 200, 210, 220, 230, 240, 250, 260, 280, 300					

附表 C　螺钉

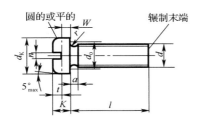

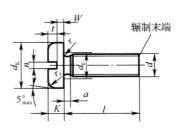

（a）开槽圆柱头螺钉（摘自 GB/T 65—2016）　　　（b）开槽盘头螺钉（摘自 GB/T 67—2016）

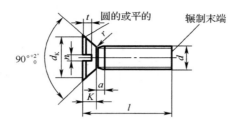

（c）开槽沉头螺钉（摘自 GB/T 68—2016）

标记示例

螺纹规格 d = M45，公称长度 l = 20mm，性能等级为 4.8 级，不经表面热处理的 A 级开槽圆柱螺钉：

螺钉　GB/T 65　M5 × 20

单位/mm

螺纹规格 d		M1.6	2M	M2.5	M3	M4	M5	M6	M8	M10
P		0.35	0.4	0.45	0.5	0.7	0.8	1	0.25	1.5
a（max）		0.7	0.8	0.9	1.0	1.4	1.4	2	2.5	3
b（min）		25	25	25	25	38	38	38	38	38
d_K（max）	GB/T 65—2016	3.0	3.8	4.5	5.5	7	8.5	10	13	16
	GB/T 67—2016	3.2	4	5	5.6	8	9.5	12	16	20
	GB/T 68—2016	3.0	3.8	4.7	5.5	8.4	9.3	11.3	15.8	18.3
K（max）	GB/T 65—2016	1.1	1.4	1.8	2.0	2.6	3.3	3.9	5	6
	GB/T 67—2016	1.1	1.3	1.5	1.8	2.4	3	3.6	4.8	6
	GB/T 68—2016	1	1.2	1.5	1.65	2.7	2.7	3.3	4.65	5
n		0.4	0.5	0.6	0.8	1.2	1.2	1.6	2	2.5
r（min）	GB/T 65—2016	0.1	0.1	0.1	0.1	0.2	0.2	0.25	0.4	0.4
	GB/T 67—2016									
r（max）	GB/T 68—2016	0.4	0.5	0.6	0.8	1	1.3	1.5	2	2.5
t（min）	GB/T 65—2016	0.45	0.6	0.7	0.85	1.1	1.3	1.6	2	2.4
	GB/T 67—2016	0.35	0.5	0.6	0.7	1	0.2	1.4	1.9	2.4
	GB/T 68—2016	0.32	0.4	0.5	0.6	1	1.1	1.2	1.8	2
r_f	GB/T 67—2016	0.5	0.6	0.8	0.9	1.2	1.5	1.8	2.4	3
l 规格范围	GB/T 65—2016	2～16	3～20	3～25	4～30	5～40	6～50	6～60	10～80	12～80
	GB/T 67—2016		2.5～20			5～35				
	GB/T 68—2016	2.5～16	3～20	4～25	5～30	6～40	8～50	8～60	10～80	12～80
l 系列		2, 2.5, 3, 4, 5, 6, 8, 10, 12, (14), 16, 20, 25, 30 ,35, 40, 45, 50, (55), 60, (65), 70, (75), 80								

注：① 尽可能不采用括号内的规格；②本表所列螺钉的螺纹公差为6g，力学性能等级为4.8级，公差产品等级为A级。

附表 D　普通平键

键的形式和尺寸摘自 GB/T 1096—2003，键和键槽的剖面尺寸摘自 GB/T 1095—2003。

单位/mm

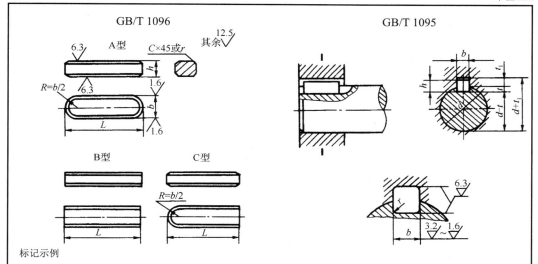

标记示例

A 型、$b = 16mm$、$h = 10mm$、$L = 100mm$ 的圆头普通平键，标记为：键 16 × 100　GB/T 1096

B 型、$b = 16mm$、$h = 10mm$、$L = 100mm$ 的平头普通平键，标记为：键 B16 × 100　GB/T 1096

C 型、$b = 16mm$、$h = 10mm$、$L = 100mm$ 的单头普通平键，标记为：键 C16 × 100　GB/T 1096

轴	键		键　槽										
				宽　度　b					深　度				半径 r
公称直径 d	公称尺寸 $b \times h$	长度 L	公称尺寸 b	极限偏差					轴 t		毂 t_1		
				轻松键连接		一般键连接		较紧键连接					
				轴 H9	毂 D10	轴 N9	毂 JS9	轴和毂 P9	公称	偏差	公称	偏差	最小	最大
自 6～8	2 × 2	6～20	2	+ 0.025	+ 0.060	− 0.004	± 0.0125	− 0.006	1.2		1		
>8～10	3 × 3	6～36	3	0	+ 0.020	− 0.029		− 0.031	1.8		1.4		0.08	0.16
>10～12	4 × 4	8～45	4	+ 0.030	+ 0.078	0	± 0.015	− 0.012	2.5	+ 0.1 0	1.8	+0.1 0	
>12～17	5 × 5	10～56	5	0	+ 0.030	− 0.030		− 0.042	3.0		2.3		
>17～22	6 × 6	14～70	6						3.5		2.8		0.16	0.25
>22～30	8 × 7	18～90	8	+ 0.036	+ 0.098	0	± 0.018	− 0.015	4.0		3.3		
>30～38	10 × 8	22～110	10	0	+ 0.040	− 0.036		− 0.051	5.0		3.3		
>38～44	12 × 8	28～140	12						5.0	+ 0.2 0	3.3	+0.2 0	
>44～50	14 × 9	36～160	14	+ 0.043	+ 0.120	0	± 0.0215	− 0.018	5.5		3.8		0.25	0.40
>50～58	16 × 10	45～180	16	0	+ 0.050	− 0.043		− 0.061	6.0		4.3		
>58～65	18 × 11	50～200	18						7.0		4.4		

续表

轴	键		键 槽												
公称直径 d	公称尺寸 $b \times h$	长度 L	宽度 b						深度				半径 r		
			公称尺寸 b	极限偏差					轴 t		毂 t_1				
				轻松键连接		一般键连接		较紧键连接	公称	偏差	公称	偏差	最小	最大	
				轴 H9	毂 D10	轴 N9	毂 JS9	轴和毂 P9							
>22~30	8×7	18~90	8	+0.036	+0.098	0	±0.018	−0.015	4.0		3.3				
>30~38	10×8	22~110	10	0	+0.040	−0.036		−0.051	5.0		3.3				
>38~44	12×8	28~140	12						5.0		3.3		0.25	0.40	
>44~50	14×9	36~160	14	+0.043	+0.120	0	±0.0215	−0.018	5.5		3.8				
>50~58	16×10	45~180	16	0	+0.050	−0.043		−0.061	6.0	+0.2	4.3	+0.2			
>58~65	18×11	50~200	18						7.0	0	4.4	0			
>65~75	20×12	56~220	20						7.5		4.9				
>75~85	22×14	63~250	22	+0.052	+0.149	0	±0.026	−0.022	9.0		5.4		0.40	0.60	
>85~95	25×14	70~280	25	0	+0.065	−0.052		−0.074	9.0		5.4				
>95~110	28×16	80~320	28						10.0		6.4				
L 系列	6~22（2进位），25, 28, 32, 36, 40, 45, 50, 56, 63, 70, 80, 90, 100, 110, 125, 140, 160, 180, 200, 220, 250, 280, 320, 360, 400, 450, 500。														

注：$(d-t)$ 和 $(d+t_1)$ 两组组合尺寸的极限偏差按相应的 t 和 t_1 的极限偏差选取，但 $(d-t)$ 极限偏差的值应取负号 "−"。

附表 E 销

圆柱销摘自 GB/T 119.1—2000，圆锥销摘自 GB/T 117—2000。

单位/mm

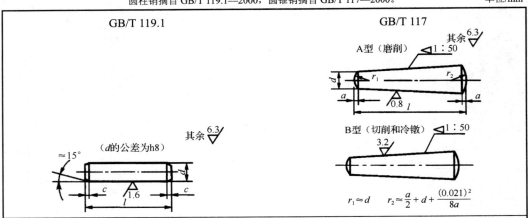

标记示例

公称直径 d = 6mm、公差为 m6、公称长度 l = 30mm、材料为钢、不经淬火、不经表面处理的圆柱销，标记为：

销　GB/T 119.1—2000　6 m6×30

公称直径 d = 6mm、长度 l = 30mm、材料为 35 钢、热处理硬度 28~38HRC、表面氧化处理的 A 型圆锥销，标记为：

销　GB/T 117—2000　6×30

续表

公称直径 d		2	3	4	5	6	8	10	12	16	20	25	30
圆柱销	l 商品规格范围	6~20	8~30	8~40	10~50	12~60	14~85	18~95	22~140	26~180	35~200	50~200	60~200
	$c\approx$	0.35	0.50	0.63	0.80	1.2	1.6	2.0	2.5	3.0	3.5	4.0	5.0
圆锥销	l 商品规格范围	10~35	12~45	14~55	18~60	22~90	22~120	26~160	32~180	40~200	45~200	50~200	55~200
	$a\approx$	0.25	0.40	0.5	0.63	0.80	1.0	1.2	1.6	2.0	2.5	3.0	4.0
l 系列公称		6,8,10,12,14,16,18,20,22,24,26,28,30,32,35~100（5 进位），120,140,160,180,200											

注：圆柱销公称直径 d 的公差为 m6（$R_a\leq0.8\mu m$）和 h8（$R_a\leq1.6\mu m$）；圆锥销公称直径 d 的公差为 h10。

附表 F　深沟球轴承

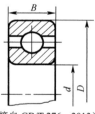

（摘自 GB/T 276—2013）

标记示例

滚动轴承：6012　GB/T 276—2013

轴承代号	尺寸/mm			轴承代号	尺寸/mm		
	d	D	B		d	D	B
（0）1 系列				（0）3 系列			
6000	10	26	8	6300	10	35	11
6001	12	28	8	6301	12	37	12
6002	15	32	9	6302	15	42	13
6003	17	35	10	6303	17	47	14
6004	20	42	12	6304	20	52	15
6005	25	47	12	6305	25	62	17
6006	30	55	13	6306	30	72	19
6007	35	62	14	6307	35	80	21
6008	40	68	15	6308	40	90	23
6009	45	75	16	6309	45	100	25
6010	50	80	16	6310	50	110	27
6011	55	90	18	6311	55	120	29
6012	60	95	18	6312	60	130	31

轴承代号	尺寸/mm			轴承代号	尺寸/mm		
	d	D	B		d	D	B
（0）2 系列				（0）4 系列			
6200	10	30	9	6403	17	62	17
6201	12	32	10	6404	20	72	19
6202	15	35	11	6405	25	80	21
6203	17	40	12	6406	30	90	23
6204	20	47	14	6407	35	100	25
6205	25	52	15	6408	40	110	27
6206	30	62	16	6409	45	120	29
6207	35	72	17	6410	50	130	31
6208	40	80	18	6411	55	140	33
6209	45	85	19	6412	60	150	35
6210	50	90	20	6413	65	160	37
6211	55	100	21	6414	70	180	42
6212	60	110	22	6415	75	190	45
6213	65	120	23	6416	80	200	48

附表 G　圆锥滚子轴承

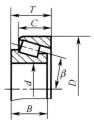

（摘自 GB/T 297—2015）

标记示例

滚动轴承：30314　GB/T 297—2015

轴承代号	外 形 尺 寸					轴承代号	外 形 尺 寸				
	d	D	T	B	C		d	D	T	B	C
02 系列						20 系列					
30204	20	47	15.25	14	12	32006	30	55	17	17	13
30205	25	52	16.25	15	13	32007	35	62	18	18	14
30206	30	62	17.25	16	14	32008	40	68	19	19	14.5
30207	35	72	18.25	17	15	32009	45	75	20	20	15.5

轴承代号	外 形 尺 寸					轴承代号	外 形 尺 寸				
	d	D	T	B	C		d	D	T	B	C
02 系列						20 系列					
30208	40	80	19.75	18	16	32010	50	80	20	20	15.5
30209	45	85	20.75	19	16	32011	55	90	23	23	17.5
30210	50	90	21.75	20	17	32012	60	95	23	23	17.5
30211	55	100	22.75	21	18	32013	65	100	23	23	17.5
30212	60	110	23.75	22	19	32014	70	110	25	25	19
30213	65	120	24.75	23	20	32015	75	115	25	25	19
03 系列						13 系列					
30304	20	52	16.25	15	13	31305	25	62	18.25	17	13
30305	25	62	18.25	17	15	31306	30	72	20.75	19	14
30306	30	72	20.75	19	16	31307	35	80	22.75	21	15
30307	35	80	22.75	21	18	31308	40	90	25.25	23	17
30308	40	90	25.75	23	20	31309	45	100	27.25	25	18
30309	45	100	27.25	25	22	31310	50	110	29.25	27	19
30310	50	110	29.25	27	23	31311	55	120	31.5	29	21
30311	55	120	31.5	29	25	31312	60	130	33.5	31	22
30312	60	130	33.5	31	26	31313	65	140	36	33	23
30313	65	140	36	33	28	31314	70	150	38	35	25
30314	70	150	38	35	30	31315	75	160	40	37	26

参　考　文　献

陈桂芳．2010．机械零部件测绘．北京：机械工业出版社．

成大先．2016．机械设计手册．6版．北京：化学工业出版社．

高红，张贺，孙振东．2017．机械零部件测绘．北京：中国电力出版社．

何培英，段红杰．2019．机械零部件测绘实用教程．北京：化学工业出版社．

黄劲枝，程时甘．2008．现代机械制图．2版．北京：电子工业出版社．

蒋继红，姜亚南．2017．机械零部件测绘．北京：机械工业出版社．

李国东，卓良福，谭小蔓．2019．零部件测绘与CAD制图实训．北京：机械工业出版社．

刘立平．2015．制图测绘与CAD实训．上海：复旦大学出版社．

史艳红．2018．机械制图．3版．北京：机械工业出版社．

王冰，李莉．2019．机械制图及测绘实训．4版．北京：机械工业出版社．

吴晖辉．2017．机械制图．北京：机械工业出版社．

反侵权盗版声明

电子工业出版社依法对本作品享有专有出版权。任何未经权利人书面许可，复制、销售或通过信息网络传播本作品的行为；歪曲、篡改、剽窃本作品的行为，均违反《中华人民共和国著作权法》，其行为人应承担相应的民事责任和行政责任，构成犯罪的，将被依法追究刑事责任。

为了维护市场秩序，保护权利人的合法权益，我社将依法查处和打击侵权盗版的单位和个人。欢迎社会各界人士积极举报侵权盗版行为，本社将奖励举报有功人员，并保证举报人的信息不被泄露。

举报电话：（010）88254396；（010）88258888

传　　真：（010）88254397

E-mail：dbqq@phei.com.cn

通信地址：北京市万寿路 173 信箱　电子工业出版社总编办公室

邮　　编：100036